確率・統計の基礎
増補版

松本裕行　著

学術図書出版社

まえがき

　本書は大学 2 年次もしくは 3 年次において学習する確率論，数理統計学の初歩に関する入門書，教科書である．アクチュアリ試験の準備の第一歩となることも意識している．

　筆者は，類似した教科書である『数理統計入門』(学術図書出版社) を，約 25 年前に宮原孝夫氏と共著で出版した．基本的な確率の話題，統計の方法について，基礎になる考え方をていねいに説明するという基本的な姿勢は本書においても変わっていない．具体的な例，演習問題を多く与えたこと，推定の章の構成，内容を変更し，検定の章を増補したことが違いである．さらに，アクチュアリ試験を意識して，類書では触れられることの多くない順序統計量の解説，演習を取り入れた．

　コンピュータの利用が当たり前で，結論を早く手に入れることのできる現代では，手軽に出した結論によって失敗するということが起きやすく，基本的な概念の理解の重要性は以前より増していると思われる．そのためには具体的な問題による演習が欠かせない．本書では詳しい解答も付けたので，演習問題をぜひ自分で考えるようにしてほしい．筆者は Mathematica という数式処理ソフトをさまざまなところで用いた．演習問題の一部は，電卓やコンピュータを使うのもよいと思う．

　前著の改訂に関することを学術図書出版社の発田孝夫氏と初めて話したのは 20 年も前のことである．長い間お待たせしたことをお詫びするとともに，今回また多大な援助を頂いたことに感謝の意を表します．また，市原直幸氏，平尾将剛氏は初期の原稿にていねいに目を通して間違いの指摘をし，さまざまなコメントを寄せて下さいました．ここに深くお礼を申し上げます．

2014 年 10 月

松本裕行

増補版へのまえがき

　大学で微分積分学を修めた学生に対する数理統計の入門書として『確率・統計の基礎』を出版して，7 年が過ぎた．筆者の予想を上回る方に使って頂いていることに驚き，また喜んでいる．

　本書では，厳密な証明をすべての事項に与えているわけではないが，少なくともその直感的な理由は説明するようにしている．理由付けがないと，定理などの十分な理解が得られないこと，応用の際に不都合が起きかねないことがその理由である．

　ただ旧版において母平均の差の検定におけるウェルチの方法は例外で，多くの著作と同様結果のみを与えていた．今回の増補版においては，ウェルチの方法の理由を，原論文の考えにしたがって簡潔に述べた．つまり，利用する t 分布の自由度について，結果を得るための自然な理由を記した．さらに，5 章で扱った独立確率変数列に関する演習問題を加えている．理解の一助になれば幸いである．

　今回の増補に関しては，再び学術図書出版社の発田孝夫氏にお世話になった．ここに感謝の意を表します．

2021 年 10 月

松本裕行

目　　次

1 集合

　以後の章の基礎となる集合に関する概念と二項係数，二項定理に関して復習する．

§ 1.1　集合

　サイコロを何回もふるような，同一の条件で何回でも繰り返すことができ，結果が予測できない実験を試行と呼ぶ．確率を考えるときは何らかの試行を念頭においていることが多い．統計における重要な話題のひとつである世論調査を考えるときは，各対象についての調査を試行と考える．これらの結果の全体が全事象であり，事象と呼ばれる確率を考える対象を集合の形で書く．

　数学において，任意のものが属するかどうか，一致するかどうかが判定されるようなものの集まりを**集合**という．集合に属するものを**要素**という．要素 a が集合 A に属しているときは $a \in A$ と書き，a は A の要素であるという．属していないときは，$a \notin A$ と書く．

　集合 A, B に対して，B のどの要素も A の要素であるとき，B は A の**部分集合**であるといって $B \subseteq A$ と書く．A の方が真に大きいとき，つまり A の要素で B に属さないものが存在するとき $B \subset A$ または $B \subsetneqq A$ と書く．

　サイコロを 1 回ふるとき，集合 $\{1, 2, 3, 4, 5, 6\}$ が結果の全体を表す．偶数が出るという事象であれば，部分集合 $\{2, 4, 6\}$ を考えればよい．

　この節では，集合 Ω (オメガ) が与えられているとして，Ω の部分集合を考えて集合に関する基本的事項を復習する．

　A, B を Ω の部分集合とするとき，

(1)　A と B のどちらにも属する要素の全体を，A と B の**共通部分**と呼び，$A \cap B$ と書く．これを "A かつ B" または "A キャップ B" などという．

(2)　A と B の少なくとも一方に属する要素の全体を，A と B の**和集合**と呼び，$A \cup B$ と書く．これを "A または B" または "A カップ B" などという．

(3)　要素をまったくもたない集合を**空集合**と呼び $\emptyset$ と書く．

(4)　A に属さない要素の全体を A の**補集合**と呼び，A^c と書く[1]．

例 1.1　Ω を自然数全体 $\mathbf{N}$ とし，A を奇数全体，B を偶数全体とすると，$A \cap B = \emptyset$，$A \cup B = \Omega$ が成り立つ．

集合 Ω の要素で，p という性質をみたすものの全体を

$$\{\omega \in \Omega \, ; \, \omega \text{ は } p \text{ をみたす}\}$$

という形に書く．たとえば，

$$\{n \in \mathbf{N} \, ; \, n \text{ は 2 で割り切れる}\}$$

で与えられる自然数全体 $\mathbf{N}$ の部分集合は偶数全体である．

例 1.2　集合 $\{(\omega_1, \omega_2) \, ; \, \omega_1, \omega_2 \text{ は 0 または 1}\}$ を考える．すべての要素を書き出すと，$\{(0,0),(0,1),(1,0),(1,1)\}$ である．

硬貨を 2 回投げるとして，1 は表，0 は裏を表すとする．たとえば，$(0,1)$ は 1 回目が裏で，2 回目が表が出ることを表す．このようにこの集合で硬貨を 2 回投げるという確率モデルを表すことができる．

例 1.2 の一般化は容易で，確率論，統計学において基本的な役割を果たす．

例 1.3　n を自然数として，集合

$$\Omega_n = \{\omega = (\omega_1, \omega_2, \ldots, \omega_n) \, ; \, \omega_i \text{ は 0 または 1 } (i = 1, 2, \ldots, n)\}$$

を考える．ω は 0 または 1 が n 個並んだ数列を表し，Ω_n はその全体である．

硬貨を n 回投げるとして，i 回目に表であれば $\omega_i = 1$，裏であれば $\omega_i = 0$ とすれば，Ω_n は硬貨を n 回投げたときの結果全体を表している．このとき，$\sum_{i=1}^{n} \omega_i = \omega_1 + \omega_2 + \cdots + \omega_n$ は n 回中の表の回数を表す．

---

[1] 補集合 (complement) の頭文字を用いている．

一般に，同じ試行を n 回繰り返すとき，ある 1 つの事象 A を固定して，i 回目に A が起きれば $\omega_i = 1$，起きなければ $\omega_i = 0$ とおけば，Ω_n の各要素は，A が起きたり起きなかったりする過程を記述している．世論調査などは，"事象 A が起きる" を "首相を支持する" と変えて，この集合を考える．

いうまでもなく，実数全体 $\mathbf{R}$，半直線 $[0, \infty)$，区間 $[0, 1]$ などは重要な集合である．半直線 $[0, \infty)$ は $\{x \in \mathbf{R}\,;\, x \geqq 0\}$，閉区間 $[0, 1]$ は $\{x \in \mathbf{R}\,;\, 0 \leqq x \leqq 1\}$，開区間 $(0, 1)$ は $\{x \in \mathbf{R}\,;\, 0 < x < 1\}$ と表すことができる．

問 1.1 (1) A, B を，それぞれ閉区間 $[0, 3]$, $[1, 4]$ とするとき，$A \cap B$, $A \cup B$ はどのような集合か．
(2) C を開区間 $(1, 4)$ とするとき，$A \cap C$, $A \cup C$ はどのような集合か．

問 1.2 $\{x \in \mathbf{R}\,;\, |x - 3| \geqq 2\}$ を実直線上に図示せよ．

問 1.3 次の不等式の解を，$\mathbf{R}$ の部分集合の形に表せ．
(1) $x^2 - 2x - 3 < 0$ (2) $x^2 - 5x + 4 \geqq 0$

§ 1.2　集合の要素の数

集合 Ω に含まれる要素の数が有限個のとき，Ω を**有限集合**であるという．自然数全体 $\mathbf{N}$，実数全体 $\mathbf{R}$ のように，Ω が無限個の要素をもつとき Ω は**無限集合**であるという．

本書では，Ω が有限集合のとき Ω の要素の数を $^{\#}\Omega$ と表す．

n 個の異なる要素からなる集合を考えるとき，

(1)　要素を，繰り返しを許して k 個並べる並べ方は n^k 通りである．

(2)　異なる要素を r 個並べる並べ方は $n(n-1)\cdots(n-r+1) = \dfrac{n!}{(n-r)!}$ 通りである．とくに，n 個の並べ方は $n!$ 通りである．

(3)　(2) の並べ方で同じ要素を並べたものを同一視すると，n 個の要素の中から r 個選ぶ選び方が求まる．つまり，r 個の並べ方は $r!$ 通りなので，$\dfrac{n!}{r!\,(n-r)!}$ 通りとなる．これを $_n\mathrm{C}_r$ と書いて**二項係数**という．

例 1.4　Ω_n を例 1.3 において考えた集合とすると，Ω_n は有限集合であり $^{\#}\Omega_n = 2^n$ である．また，$r \in \{0, 1, 2, \ldots, n\}$ に対して

$$A = \{(\omega_1, \omega_2, \ldots, \omega_n) \in \Omega_n \,;\, \omega_1 + \omega_2 + \cdots + \omega_n = r\}$$

とおくと，$^{\#}A = {}_n\mathrm{C}_r$ である．ただし，${}_n\mathrm{C}_0 = 1$ とする．

　n 個から r 個選ぶのも，（残りの）$n - r$ 個を選ぶのも選び方は同じだから，

$$ {}_n\mathrm{C}_r = {}_n\mathrm{C}_{n-r} \quad (r = 0, 1, 2, \ldots, n) $$

が成り立つ．また，n 個から r 個選ぶときに，固定した 1 つの要素を選ぶかどうかで場合分けをすると次がわかる：

$$ {}_n\mathrm{C}_r = {}_{n-1}\mathrm{C}_{r-1} + {}_{n-1}\mathrm{C}_r. $$

　さらに，$r \leqq n_1$，$r \leqq n_2$ のとき，$n_1 + n_2$ 個から r 個選ぶ選び方を，全体を n_1 個と n_2 個に分けて，それぞれから選ぶと考えると

$$ \sum_{\ell=0}^{r} {}_{n_1}\mathrm{C}_\ell \; {}_{n_2}\mathrm{C}_{r-\ell} = {}_{n_1+n_2}\mathrm{C}_r $$

が成り立つことがわかる．$n_1 < r \leqq n_2$ のときなども同様である．

　二項定理は，二項係数を用いて $(x + y)^n$ の展開を与える：

$$ (x + y)^n = {}_n\mathrm{C}_0\, y^n + {}_n\mathrm{C}_1\, xy^{n-1} + \cdots + {}_n\mathrm{C}_{n-1}\, x^{n-1}y + {}_n\mathrm{C}_n\, x^n $$

$$ = \sum_{r=0}^{n} {}_n\mathrm{C}_r\, x^r y^{n-r}. $$

問 1.4　二項定理を用いて次の問に答えよ．

(1) $\displaystyle\sum_{r=0}^{n} {}_n\mathrm{C}_r = {}_n\mathrm{C}_0 + {}_n\mathrm{C}_1 + \cdots + {}_n\mathrm{C}_n$ の値を求めよ．

(2) $\displaystyle\sum_{r=0}^{n} (-1)^r\, {}_n\mathrm{C}_r = {}_n\mathrm{C}_0 - {}_n\mathrm{C}_1 + \cdots + (-1)^n\, {}_n\mathrm{C}_n$ の値を求めよ．

(3) ${}_n\mathrm{C}_0 + {}_n\mathrm{C}_2 + \cdots = {}_n\mathrm{C}_1 + {}_n\mathrm{C}_3 + \cdots = 2^{n-1}$ を示せ．

問 1.5 (1) 二項定理の両辺を x に関して微分することにより，次を示せ：

$$\sum_{r=0}^{n} r\,{}_n\mathrm{C}_r\, x^r y^{n-r} = nx(x+y)^{n-1}.$$

(2) ${}_n\mathrm{C}_1 + 2\,{}_n\mathrm{C}_2 + 3\,{}_n\mathrm{C}_3 + \cdots + n\,{}_n\mathrm{C}_n = n2^{n-1}$ を示せ．

(3) $x(1+x)^n$ を x に関して微分することにより，

$$\,{}_n\mathrm{C}_0 + 2\,{}_n\mathrm{C}_1 + 3\,{}_n\mathrm{C}_2 + \cdots + (n+1)\,{}_n\mathrm{C}_n$$

の値を求めよ．

◆章末問題 1 ◆

1.1 空集合，全体も部分集合と考えると，n 個の要素からなる集合の部分集合はいくつあるか．

1.2 0 から 9 までの数字を 4 つ使って会社の内線電話番号を作る．

(1) 4 ケタの内線電話番号は何通りあるか．

(2) 3 数字が同じものは何通りあるか．

(3) 4 つの数字がすべて異なるものは何通りあるか．

1.3 A を集合 Ω の部分集合とするとき，Ω 上の関数 $f_A(x)$ を次で定義する：

$$f_A(x) = \begin{cases} 1 & (x \in A \text{ のとき}) \\ 0 & (x \notin A \text{ のとき}). \end{cases}$$

(1) $f_{A \cap B}(x)$ を $f_A(x),\ f_B(x)$ を用いて表せ．

(2) $f_{A \cup B}(x)$ を $f_A(x)$ などを用いて表せ．

1.4 m 個の箱の中に k 個の玉を入れるとき，次の場合に入れ方は何通りあるか．

(1) 異なる箱に異なる球を入れる場合．

(2) 異なる箱に同じ球を入れる場合．

(3) 異なる箱に同じ球を，1 つの箱には高々 1 つの玉しか入れない場合．

1.5 $\,{}_n\mathrm{C}_0 + \dfrac{1}{2}\,{}_n\mathrm{C}_1 + \dfrac{1}{3}\,{}_n\mathrm{C}_2 + \cdots + \dfrac{1}{n+1}\,{}_n\mathrm{C}_n$ を求めよ．

2

確率

事象の確率や独立性など，確率に関する基本的事項について説明する．

§ 2.1 確率とは

ことがらの起きる確からしさを (0 と 1 の間の数で) 数量的に表したものを**確率**という (広辞苑第 5 版参照)．たとえば，通常サイコロをふるというと，各々の目が出るのは同様に確からしいと仮定して，1〜6 のいずれの目が出る確率も $\frac{1}{6}$ とする．このことから，奇数の目が出る確率は $\frac{3}{6} = \frac{1}{2}$ となる．

次の原始的な定義はラプラス (Laplace) による．数学的な用語の説明は後回しにして感じをつかんでほしい．

定義 ある試行を行うとき，起こり得る場合の数が全体で n で，それらの起こる確からしさは同じであると仮定する．このとき，ある事象 A の起こる場合の数が r であれば A の確率を $\frac{r}{n}$ と定義する．

この定義に基づくと，硬貨を投げる場合，サイコロをふる場合，さらにこれらを有限回繰り返すときの確率が定まる．例として，サイコロを 2 回ふる場合に 6 が少なくとも 1 回出る確率を考えてみる．起こり得る場合の数は出た目を並べた (i, j) $(i, j = 1, 2, \ldots, 6)$ の全体で，$6^2 = 36$ 通りである．6 が少なくとも 1 回出るのは $(6, 1), (6, 2), \ldots, (6, 6), (1, 6), (2, 6), \ldots, (5, 6)$ の 11 通りの場合だから，2 回の目の出方がすべて同等であれば，確率は $\frac{11}{36}$ となる．

しかし，正規分布ということばを聞いたことのある読者は多いと思うが，このとき起こり得るのは実数全体のいずれかということであり，上の定義ではまったく手に負えない．サイコロを考えても，ふる回数を無限大にしたときの

6 の出る割合の極限を考える場合など，さらに一般の枠組みで考えるべき問題もある．

確率に関係した事項を数学として厳密に論ずるには，測度論[1]を用いた基礎付けが必要である．これはコルモゴロフ (Kolmogorov) によってなされ，このことによって確率論は大きく発展した．この立場を押し通すのは本書の趣旨に反するが，次節において述べる確率の定義においては採用する．

§ 2.2　確率の定義

定義　集合 Ω，Ω の部分集合の族 $\mathscr{F}$，$\mathscr{F}$ の要素に実数を対応させる関数 (集合関数)P からなる 3 つ組 $(\Omega, \mathscr{F}, P)$ が次をみたすとき**確率空間**という：

(1) $\mathscr{F}$ は次の 3 条件をみたす．

 (i)　$A_1, A_2, \ldots, A_N$ が $\mathscr{F}$ の要素であれば，$\displaystyle\bigcup_{i=1}^{N} A_i \in \mathscr{F}$ である．

 (ii)　$A \in \mathscr{F}$ であれば，$A^c \in \mathscr{F}$ である．

 (iii)　$\Omega \in \mathscr{F}$ である．

(2) $A \in \mathscr{F}$ に対して，次をみたす実数 $P(A)$ が対応する．

 (i)　$0 \leqq P(A) \leqq 1$.

 (ii)　$P(\Omega) = 1$.

 (iii)　$A_1, A_2, \ldots, A_N \in \mathscr{F}$ が互いに排反，つまり $i \neq j$ ならば $A_i \cap A_j = \emptyset$，であれば次が成り立つ：

$$P\left(\bigcup_{i=1}^{N} A_i\right) = \sum_{i=1}^{N} P(A_i).$$

起こり得ることがらの全体を表す集合 Ω を**全事象**という．$A \in \mathscr{F}$ を**事象**といい，とくに Ω の要素 1 つからなる集合 $\{\omega\}$ を**根元事象**という．Ω の各要素を根元事象ということもある．根元事象は，試行の結果をもっとも細かく分けたものと考えることができる．さらに，A の補集合 A^c を事象 A の**余事象**といい，$A, B \in \mathscr{F}$ の共通部分 $A \cap B$ を事象 A, B の**積事象**という．

---

[1] ルベーグ (Lebesgue) 積分論ということもある．

$P(A)$ が事象 A の**確率**である[2].

　なお，定義において N は無限大であることを許す．定義の条件が任意の自然数 N に対して成り立つとき，$\mathscr{F}$ を**有限加法族**といい，P は有限加法的であるという．$N = \infty$ を許して条件が成り立つとき，$\mathscr{F}$ を **σ-加法族**，P を**確率測度**という．

　本書では，これらの測度論的事項は必要としないのでこれ以上は触れず，このような $(\Omega, \mathscr{F}, P)$ が存在するとして話を進める．なお，Ω が有限集合，つまり起こり得る場合の数が有限のときは，その部分集合の全体も有限であるから問題は起こらない．Ω が実数全体や部分区間などのときには，長さの測れない集合が存在し，測度論が必要となる．

例 2.1　$\Omega = \{1, 2, 3, 4, 5, 6\}$ とし，$\mathscr{F}$ を Ω の部分集合全体，$i \in \Omega$ に対して $P(\{i\}) = \dfrac{1}{6}$ とおくと，$(\Omega, \mathscr{F}, P)$ は確率空間である．▮

例 2.2　(例 1.2) $\Omega = \{(\omega_1, \omega_2)\,;\, \omega_1, \omega_2$ は 0 または 1$\}$ とし，$\mathscr{F}$ を Ω の部分集合全体，$P((\omega_1, \omega_2)) = \dfrac{1}{4}$ とおくと，$(\Omega, \mathscr{F}, P)$ は表の確率，裏の確率がともに $\dfrac{1}{2}$ の偏りのない硬貨を 2 回独立に[3]投げることに対応する確率空間である．

　$A = \{(1, 0), (1, 1)\}$ は 1 回目が表であるという事象，$B = \{(0, 1), (1, 1)\}$ は 2 回目が表であるという事象を表す．$A \cap B = \{(1, 1)\}$ は 2 回とも表であるという事象，$A \cup B$ は少なくとも 1 回表が出るという事象を表す．▮

例 2.3　n を自然数とし，例 1.3 と同じく，集合

$$\Omega_n = \{\omega = (\omega_1, \omega_2, \ldots, \omega_n)\,;\, \omega_i = 0 \text{ または } 1 \ (i = 1, 2, \ldots, n)\}$$

を考える．$\mathscr{F}_n$ を Ω_n の部分集合全体，Ω_n の各要素 ω に対して $P_n(\{\omega\}) = 2^{-n}$ とおくと，$(\Omega_n, \mathscr{F}_n, P_n)$ は確率空間となる．これは，偏りのない硬貨を n 回独立に投げることに対応する確率空間である．

---

[2] 確率 (probability).
[3] 他の回と無関係という意味．独立性に関する詳細は §2.4 で述べる．

p を $0 < p < 1$ なる定数とし, $\omega = (\omega_1, \omega_2, \ldots, \omega_n) \in \Omega_n$ に対して $S_n(\omega) = \omega_1 + \omega_2 + \cdots + \omega_n$ とおき,

$$\widetilde{P}_n(\{\omega\}) = p^{S_n(\omega)}(1-p)^{n-S_n(\omega)}$$

とおくと, $(\Omega_n, \mathscr{F}_n, \widetilde{P}_n)$ は表の出る確率が p である硬貨を n 回独立に投げることに対応する確率空間となる. このとき, $A_r = \{\omega \in \Omega_n \,;\, S_n(\omega) = r\}$ は n 回中 r 回表が出るという事象を表し, その確率は

$$\widetilde{P}_n(A_r) = {}_n\mathrm{C}_r \, p^r (1-p)^{n-r} \quad (r = 0, 1, 2, \ldots, n)$$

である.

世論調査を考えるとき, "表が出る" という事象を "首相を支持する" に置き換えると, この確率空間が基本となる.

例 2.4 $\Omega = [0, 1]$ とする. $0 \leqq c < d \leqq 1$ のとき $[c, d] \subset \Omega$ の確率が $d - c$ となるような確率測度 P を定めることができる. 集合族 $\mathscr{F}$ としては, 通常このような区間をすべて含む最小の σ-加法族を考える. この確率空間を**ルベーグ確率空間**という. 基本となる確率空間である (§ 4.2 参照).

P はルベーグ測度と呼ばれる. 直感的に難しい点はまったくなく, 区間上の点をランダムに選ぶことを思い浮かべれば本書では十分である.

§ 2.3   条件つき確率

ジョーカーを入れたトランプを考えて, 1 枚ランダムに選ぶとする. 選んだカードがエースである確率は $\dfrac{4}{53}$ である. 一方, スペードであることがわかったとすると, エースである確率は $\dfrac{1}{13}$ となる. これは, 後者の場合にスペードであることからジョーカーではないことがわかることに起因する差である.

このように, ある事象が起きたという条件のもとで, 別の事象が起きる確率を考える.

定義　$(\Omega, \mathscr{F}, P)$ を確率空間とする．$P(A) > 0$ なる事象 A, B に対して，$P(B|A)$ を

$$P(B|A) = \frac{P(A \cap B)}{P(A)}$$

によって定義し，条件 A のもとでの事象 B の**条件つき確率**という．

▌**問 2.1**　$P(A) > 0$ とし $P_A(B) = P(B|A)$ $(B \in \mathscr{F})$ とおくと，$(\Omega, \mathscr{F}, P_A)$ は確率空間であることを示せ．

命題 2.1　(1) (乗法定理) $P(A \cap B) = P(A)P(B|A)$.
(2) (全確率の公式) $A_1, A_2, \ldots, A_m$ が互いに排反で，$P(A_i) > 0$ $(i = 1, 2, \ldots, n)$, $\displaystyle\bigcup_{i=1}^{m} A_i = \Omega$ をみたすならば，次が成り立つ：
$$P(B) = P(B|A_1)P(A_1) + P(B|A_2)P(A_2) + \cdots + P(B|A_n)P(A_n).$$

▌**問 2.2**　命題 2.1 を示せ．

　次のベイズの定理は，事象 B が起きるかどうかが条件 $A_1, A_2, \ldots, A_m$ によるとき，B が起きた原因が A_i である確率 (事後確率という) $P(A_i|B)$ が，事前確率と呼ばれる $P(B)$，尤度と呼ばれる $P(B|A_i)$ から求まることを示している．ベイズ統計と呼ばれる分野の基礎をなす定理である．

定理 2.2 [ベイズの定理]　$A_1, A_2, \ldots, A_m$ が互いに排反で，$P(A_i) > 0$ $(i = 1, 2, \ldots, m)$, $\displaystyle\bigcup_{i=1}^{m} A_i = \Omega$ をみたすならば，$P(B) > 0$ なる事象 B に対して次が成り立つ：
$$P(A_i|B) = \frac{P(B|A_i)P(A_i)}{P(B|A_1)P(A_1) + P(B|A_2)P(A_2) + \cdots + P(B|A_m)P(A_m)}.$$

【証明】　条件つき確率の定義，命題 2.1(2) より，右辺の分子，分母は，それぞれ $P(A_i \cap B), P(B)$ に等しい．したがって，右辺は $P(A_i|B)$ に等しい．▌

例 2.5　ある学科の人数が次のようになっているとする.

学年	男子	女子	合計	女子の割合 $P(B\|A_i)$	学年の割合 $P(A_i)$
A_1	79	45	124	$\dfrac{45}{124}$	$\dfrac{124}{500}$
A_2	88	40	128	$\dfrac{40}{128}$	$\dfrac{128}{500}$
A_3	82	40	122	$\dfrac{40}{122}$	$\dfrac{122}{500}$
A_4	76	50	126	$\dfrac{50}{126}$	$\dfrac{126}{500}$
合計	325	175	500		

ただし, $A_i\,(i=1,2,3,4)$ が学年, B が女子であることを表す. このとき, ランダムに選んだ女子学生が 1 年生である確率 $P(A_1|B)$ を求めると, ベイズの定理または乗法定理より

$$P(A_1|B) = \frac{P(B|A_1)P(A_1)}{P(B)} = \frac{45}{124}\frac{124}{500}\left(\frac{175}{500}\right)^{-1} = \frac{45}{175}$$

となる. これは, 表からも確認される.

§ 2.4　独立事象

サイコロを 2 回ふるとき, 2 回目の目は 1 回目の目の影響を受けない (と通常仮定する) ので, 1 回目, 2 回目に 6 が出るという事象をそれぞれ A, B とすると

$$P(B|A) = P(B), \qquad P(A|B) = P(A)$$

が成り立つ. これらは,

$$P(A \cap B) = P(A)P(B)$$

と書き直すことができる.

一般の事象に対しても, 独立性を次で定義する.

定義　2 つの事象 A, B に対して, $P(A \cap B) = P(A)P(B)$ が成り立つとき, A と B は (互いに) **独立**であるという. 独立でないとき, **従属**であるという.

命題 2.3   事象 A が $0 < P(A) < 1$ をみたすとき,事象 A, B が独立であるための必要十分条件は

$$P(B|A) = P(B|A^c) = P(B) \tag{2.1}$$

が成り立つことである.

【証明】   条件つき確率の定義より,(2.1) から $P(A \cap B) = P(A)P(B)$ が導かれる.よって,(2.1) が成り立つならば,A, B は独立である.

逆に,A, B が独立のときも条件つき確率の定義から $P(B|A) = P(B)$ となる.また,

$$P(B|A^c) = \frac{P(A^c \cap B)}{P(A^c)} = \frac{P(B) - P(A \cap B)}{1 - P(A)}$$

$$= \frac{P(B) - P(A)P(B)}{1 - P(A)} = P(B)$$

となり,もう一方の等式も得られる.

(2.1) は,A が起きても起きなくても,B の起きる確率は同じである,つまり B が起きるかどうかに A が影響しないことを意味する.とくに,A と B が独立であれば,A の余事象 A^c も B と独立である.本節の冒頭に述べたように,これが事象の独立性の意味である.

3 つ以上の事象の独立性は,次のように定義する.

定義 $n \geqq 3$ とする.事象 $A_1, A_2, \ldots, A_n$ が独立であるとは,任意の部分列 $i_1, \ldots, i_k$ $(1 \leqq i_1 < \cdots < i_k \leqq n)$ に対して

$$P(A_{i_1} \cap \cdots \cap A_{i_k}) = P(A_{i_1}) \cdots P(A_{i_k})$$

が成り立つことをいう.

問 2.3   事象 A, B, C が独立であるための条件を書き下せ.また,A, B, C が独立であることと,各事象の確率が残り 2 つの事象またはその余事象のどんな積事象を条件にした条件つき確率とも等しいことと同値であることを示せ.

問 2.4 A と B,B と C,C と A が,それぞれ互いに独立であっても,A, B, C が独立とは限らないことを,反例をあげることで示せ.

◆章末問題 2 ◆

2.1 A, B, C を 3 つの事象とするとき，次の事象を A, B, C を用いて表せ．

(1) A のみが起きる．

(2) 少なくとも 1 つの事象が起きる．

(3) どの事象も起きない．

(4) 高々 1 つの事象しか起きない．

2.2 $P(A) = \dfrac{4}{5}$, $P(B) = \dfrac{1}{3}$ のとき，$P(A \cap B)$, $P(A \cup B)$ の範囲を求めよ．

2.3 (1) うるう年でない年に生まれた人が 10 人集まっているとき，全員の誕生日が異なる確率を求めよ．

(2) 何人が集まればこの確率は $\dfrac{1}{2}$ 以下になるか．電卓などを用いて，解答せよ．

2.4 確率が正の事象 A, B に対して，$P(A|B) > P(A)$ ならば $P(B|A) > P(B)$ であることを示せ．

2.5 $P(B \cap C | A) = P(B|A)P(C|A \cap B)$ を示せ．

2.6 サイコロを何回もふるとする．

(1) $r \geqq 1$ とするとき，r 回目に初めて 6 が出る確率を求めよ．

(2) n 回中 r 回 6 が出る確率を求めよ．

2.7 A 子と D 輔が，まず A 子から始めて交互にサイコロをふるとする．最初に 6 を出した方が勝ちとするとき，それぞれの勝つ確率を求めよ．ただし，勝負がつくまでサイコロはふるとする．

2.8 ある製品が，3 工場 A_1, A_2, A_3 で生産され，その割合は 20%, 30%, 50% であるとする．また，それぞれの工場で不良品の出る割を 0.01, 0.02, 0.03 とする．1 つの製品が不良品であったとき，それが A_1 の製品である確率を求めよ．

3

確率変数，確率分布

前の章において，事象の確率や独立性について述べた．本章では，確率をより数学的に扱うために，事象を数値化した確率変数について説明する．

§ 3.1　確率変数，確率分布

> **定義**　$(\Omega, \mathscr{F}, P)$ を確率空間とするとき，Ω 上で定義された実数値関数 $X = X(\omega)$ $(\omega \in \Omega)$ を **確率変数** という．また，$\mathbf{R}$ 上の関数
>
> $$F(x) = P(\{\omega \in \Omega \,;\, X(\omega) \leqq x\}) \quad (x \in \mathbf{R})$$
>
> を確率変数 X の **分布関数** という[1]．簡単に，$F(x) = P(X \leqq x)$ と書く．

Ω 上で定義された関数ということは，根元事象 ω に対して実数 $X(\omega)$ を対応させるということであり，X がどの値をとるかは偶然的 (ランダム) であるが，X が各値をとる，または X が指定された範囲に属する確率が定まっているということである．

サイコロをふる場合，$\Omega = \{1, 2, 3, 4, 5, 6\}$ として，目の数を考えるなら目の数 $\omega \in \Omega$ を確率変数 $X(\omega) = \omega$ と考えればよい．6 が出るという事象を考えるなら

$$Y(\omega) = \begin{cases} 1 & (\omega = 6) \\ 0 & (\omega \neq 6) \end{cases}$$

によって定義される確率変数 Y を考えれば，$\{\omega \in \Omega \,;\, Y(\omega) = 1\}$ という事象 (簡単に $Y = 1$ とも書く) が 6 が出るという事象を表す．

---

[1] 右辺の値が定まるには，Ω の部分集合 $\{\omega \in \Omega \,;\, X(\omega) \leqq x\}$ が集合族 $\mathscr{F}$ に属していないといけない．この X が可測という性質は常にみたされているとする．

例 3.1　　1〜6 の目が出る確率がすべて $\dfrac{1}{6}$ の偏りのないサイコロを n 回独立にふる場合, 確率空間として

$$\Omega = \{\omega = (\omega_1, \omega_2, \ldots, \omega_n)\,;\, \omega_i \in \{1, 2, \ldots, 6\}\ (i = 1, 2, \ldots, n)\}$$

を考える. つまり, i 回目の目を ω_i とし, 出た目を順に並べた 1〜6 の数からなる長さ n の数列全体が Ω である. $\mathscr{F}$ は Ω の部分集合全体であり, すべての ω に対して $P(\{\omega\}) = 6^{-n}$ である.

$\omega = (\omega_1, \omega_2, \ldots, \omega_n)$ に対して $\omega_i = 6$ である i の個数を対応させる関数を $X(\omega)$ とすると, X は n 回中の 6 の回数を表す確率変数である. $r = 0, 1, \ldots, n$ に対して, $P(X = r)$ は n 回中 6 が r 回出る確率を表す. 6 が r 回出る出方が $_nC_r$ 通りで 6 以外の目は 5 通りあるので, $X = r$ の場合の数は $_nC_r \times 5^r$ であり

$$P(X = r) = \frac{_nC_r \cdot 5^r}{6^n}$$

となる. 6 が r 回出る出方それぞれの確率が $\left(\dfrac{1}{6}\right)^r \left(\dfrac{5}{6}\right)^{n-r}$ であると考えると

$$P(X = r) = {}_nC_r \left(\frac{1}{6}\right)^r \left(\frac{5}{6}\right)^{n-r}$$

となり結果は一致する. また, $X_1, X_2, \ldots, X_n$ を

$$X_i(\omega) = \begin{cases} 1 & (\omega_i = 6) \\ 0 & (\omega_i \neq 6) \end{cases} \quad (i = 1, 2, \ldots, n)$$

で定義すると, $X = X_1 + X_2 + \cdots + X_n$ が成り立つ. さらに, $n^{-1}X$ は n 回中の 6 の割合となる.

　上の例では, 必ずしも確率空間を与える必要はなく, n 回サイコロをふるときに 6 の出る回数を X とするといえば十分である. このように確率空間を明示せずに確率変数を考えることが多い. これは, 確率論や統計学における関心が確率変数によって定まる値の散らばり (確率分布) にあるからである. 本書においても, 多くの場合この習慣に従う.

例 3.2 偏りのないサイコロを何回も独立にふるとき，r 回目に初めて 6 が出たら $X = r$ と定義する．このとき，X は自然数のいずれかであり，$X = r$ の確率は

$$P(X = r) = \left(1 - \frac{1}{6}\right)^{r-1} \frac{1}{6} \quad (r = 1, 2, \ldots)$$

である．

上の 2 つの例のように，確率変数 X がとびとびの値

$$a_1, a_2, \ldots, a_N \quad (N \text{ は自然数または } \infty)$$

をとるとき，X を**離散型確率変数**または**離散変数**という．分布関数 F は，

$$F(x) = P(X \leqq x) = \sum_{\{i; a_i \leqq x\}} P(X = a_i)$$

によって与えられる．ただし，右辺の和は，$a_i \leqq x$ なる i の全体に関する和である．

$y = F(x)$ のグラフは次のようになる．左は X としてサイコロの目を考えたときの分布関数，右は一般の正の値をもつ離散型確率変数の分布関数である．

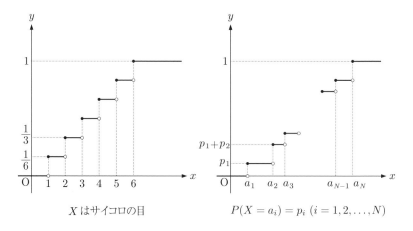

X はサイコロの目 $\qquad P(X = a_i) = p_i \ (i = 1, 2, \ldots, N)$

次の例のように確率変数 X が実数全体 $\mathbf{R}$ またはその部分区間に値をとるとき，**連続型確率変数**または**連続変数**という．

例 3.3　$a < b$ とし, 区間 $[a, b]$ の 1 点 X をランダムにとる. ただし, 各点の確からしさは同じであるとする. このときは, a, b の中点など特定の点になる確率は 0 であり, $a < c < d < b$ なる c, d に対し事象 $c \leqq X \leqq d$ や $c < X < d$ などの確率を考えるのが自然で

$$P(c \leqq X \leqq d) = P(c < X < d) = \frac{d - c}{b - a}$$

となる.

連続型確率変数に対しては, 分布関数 $F(x) = P(X \leqq x)$ が

$$F(x) = \int_{-\infty}^{x} f(t)\,dt$$

と, ある非負関数 f の積分で与えられているとする. 被積分関数 f を **確率密度**[2] という. 全事象の確率が 1 であることより, f は

$$\int_{-\infty}^{\infty} f(t)\,dt = 1$$

をみたす. また, 確率密度 f が x で連続であれば,

$$F'(x) = f(x)$$

が成り立つ.

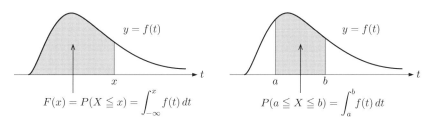

$$F(x) = P(X \leqq x) = \int_{-\infty}^{x} f(t)\,dt \qquad P(a \leqq X \leqq b) = \int_{a}^{b} f(t)\,dt$$

例 3.3 では, 確率密度は

$$f(x) = \begin{cases} \dfrac{1}{b - a} & (a \leqq x \leqq b) \\ 0 & (x < a \text{ または } x > b) \end{cases}$$

---

[2] 密度関数, 確率密度関数ともいう.

によって与えられる.

このように，確率変数が値をとることのない点 x では $f(x) = 0$ と定義して，確率密度 f は実数全体 **R** 上で定義されているとする.

X が離散型確率変数のとき重要なのは，とり得る値の集合 $\{a_1, a_2, \ldots, a_N\}$ と各々の値をとる確率 $\{p_1, p_2, \ldots, p_N\}$ $(p_i = P(X = a_i))$ である. また，連続型確率変数の場合は，確率密度がすべてを決める. 確率変数は確率空間上の関数であるが，もっとも重要なのは確率変数のとり得る値とその確率または確率密度によって与えられる **R** 上の値の散らばり[3] である. これを**確率分布**または**分布**といい，離散型，連続型に応じて，**離散分布**，**連続分布**という.

§3.2　平均，分散

確率分布の性質で重要なことは，どの値が中心で，そのまわりにどのように分布しているかということである. これは試験の結果を思い浮かべれば理解できるであろう.

確率分布には値の散らばりの情報がすべて含まれている. しかし，実際上中心的な値と分布の広がりがわかれば十分であることも多い. この中心的な値の代表が平均であり，分布の広がりの広さを与える量が分散である.

n 人の生徒に数学の試験をしたとし，得点は $a_1, a_2, \ldots, a_N$ のいずれかで，それぞれの得点の生徒の数を $r_1, r_2, \ldots, r_N$(人) とする $(r_1 + r_2 + \cdots + r_N = n)$. $p_i = \dfrac{r_i}{n}$ とおき，$\{a_1, a_2, \ldots, a_N\}$ に値をもつ確率変数 X で

$$P(X = a_i) = p_i \quad (i = 1, 2, \ldots, N)$$

をみたすものを考える. X は n 人の中からランダムに選んだ生徒の得点を表し，$\{(a_i, p_i)\}_{i=1}^{N}$ の与える離散分布が得点の分布を与える. この試験の平均は

$$\frac{a_1 r_1 + a_2 r_2 + \cdots + a_N r_N}{n} = \sum_{i=1}^{N} a_i p_i$$

で与えられる.

---

[3] 数学の用語では確率測度といわれる.

次のグラフに見るように, 同じ平均をもつ得点の分布は 1 つではない. この違いを表す量の 1 つが分散であり, 平均を m とすると

$$\sum_{i=1}^{N} (a_i - m)^2 p_i$$

で与えられる. $a_i - m$ を偏差と呼ぶ. 分散は偏差の 2 乗の平均である.

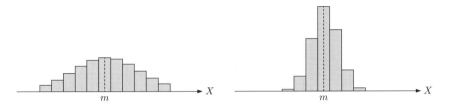

上のヒストグラムでは, 右の分布の方が平均 m のまわりに確率が集中しており分散は小さい.

離散型確率変数の平均, 分散はまったく同様に定義される.

定義 X を離散型確率変数とし, その確率分布が

$$P(X = a_i) = p_i \quad (i = 1, 2, \ldots, N) \tag{3.1}$$

によって与えられているとする. このとき,

$$\sum_{i=1}^{N} a_i p_i = a_1 p_1 + a_2 p_2 + \cdots + a_N p_N \tag{3.2}$$

を X の**平均**または**期待値**と呼び, m, m_X または $E[X]$ などと表す[4]. さらに, $(X - m)^2$ の平均 $E[(X - m)^2]$ を X の**分散**と呼び, $V[X]$ と書く[5]:

$$V[X] = E[(X - m)^2] = \sum_{i=1}^{N} (a_i - m)^2 p_i.$$

また, $\sigma = \sqrt{V[X]}$ を**標準偏差**という. X の分散を標準偏差 σ を用いて σ^2 と書くことも多い.

---

[4] 平均 (mean), 期待値 (expectation).
[5] 分散 (variance).

例 3.4 X をサイコロを1個ふるときの目の数とすると，X の平均は

$$\sum_{i=1}^{6} i \cdot \frac{1}{6} = 1 \cdot \frac{1}{6} + 2 \cdot \frac{1}{6} + 3 \cdot \frac{1}{6} + 4 \cdot \frac{1}{6} + 5 \cdot \frac{1}{6} + 6 \cdot \frac{1}{6} = \frac{7}{2}$$

であり，分散は

$$\sum_{i=1}^{6} \left(i - \frac{7}{2} \right)^2 \cdot \frac{1}{6} = \frac{35}{12}$$

である．

　連続型確率変数の平均，分散は次のように定義する．

定義 X を確率密度 f をもつ連続型確率変数とするとき，

$$\int_{-\infty}^{\infty} x f(x)\,dx$$

を X の**平均**または**期待値**と呼び，m, m_X または $E[X]$ などと表す．さらに，$(X - m)^2$ の平均 $E[(X - m)^2]$ を X の**分散**と呼び，$V[X]$ と書く：

$$V[X] = E[(X - m)^2] = \int_{-\infty}^{\infty} (x - m)^2 f(x)\,dx.$$

また，$\sigma = \sqrt{V[X]}$ を**標準偏差**といい，X の分散を σ^2 とも書く．

　確率密度が次のグラフで描かれる確率分布では，右の方が分散が小さい．

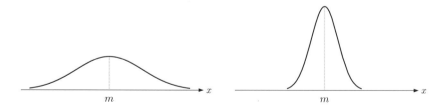

　連続型確率変数の平均の定義は，離散型の場合と同じ考えに基づいていることを注意しておく．確率密度が $x \in \mathbf{R}$ の近傍で連続であれば，十分小さい $h\ (h > 0)$ に対して

$$P(x \le X \le x + h) = \int_x^{x+h} f(t)\, dt \doteqdot f(x)h$$

であり, 乱暴な言い方を許すと

$$P(x \le X \le x + dx) \doteqdot f(x)\, dx$$

を X が x の近くの値をとる確率と考えることができる. このように考えると, (3.2) の確率変数のとり得る値にその確率を掛けて和をとるという考えは連続型確率変数の場合も同じであることがわかる.

例 3.5　X が例 3.3 で考えた連続型確率変数とすると, 平均, 分散は次のように計算される:

$$E[X] = \int_a^b x \frac{1}{b-a}\, dx = \frac{b+a}{2},$$

$$V[X] = \int_a^b \left(x - \frac{b+a}{2}\right)^2 \frac{1}{b-a}\, dx = \frac{(b-a)^2}{12}.$$

例 3.6　X の確率密度が

$$f(x) = \begin{cases} e^{-x} & (x \ge 0) \\ 0 & (x < 0) \end{cases}$$

で与えられているとする. これは, 次章で述べる指数分布の特別な場合である. このとき, X の平均, 分散は次のように計算される:

$$E[X] = \int_0^\infty x e^{-x}\, dx = 1,$$

$$V[X] = \int_0^\infty (x-1)^2 e^{-x}\, dx = 1.$$

注意　平均, 分散を考えるには, $|X|$, X^2 の平均が有限であることが必要である. とり得る値の集合が有限区間に含まれない場合は注意が必要である. 後ろで述べるコーシー分布のように, 平均をもたない重要な確率分布もある.

　試験の際, 全員の点を a 倍すると平均も a 倍になり, 全員に b 点加えると平均も b 点上がることは容易にわかる. 同様に, 平均, 分散は次の性質をもつ.

命題 3.1　　(1) a, b を定数とすると，次が成り立つ：

$$E[aX + b] = aE[X] + b, \qquad V[aX + b] = a^2 V[X].$$

(2) $V[X] = E[X^2] - (E[X])^2$.

【証明】　　(1) X を (3.1) で与えられる確率分布をもつ離散型確率変数とすると，

$$E[aX + b] = \sum_{i=1}^{N} (aa_i + b)p_i = a \sum_{i=1}^{N} a_i p_i + b \sum_{i=1}^{N} p_i = aE[X] + b$$

となる．連続型確率変数の場合も同様である．

　分散については，X の平均を $E[X] = m$ と書くと

$$V[aX + b] = E[((aX + b) - (am + b))^2] = E[a^2(x - m)^2]$$

となり，上で示したことより $V[aX + b] = a^2 E[(X - m)^2]$ となる．

(2) X を (3.1) で与えられる確率分布をもつ離散型確率変数とすると，

$$V[X] = \sum_{i=1}^{N} (a_i - m)^2 p_i = \sum_{i=1}^{N} a_i^2 p_i - 2m \sum_{i=1}^{N} a_i p_i + m^2 \sum_{i=1}^{N} p_i$$

$$= E[X^2] - 2m \cdot m + m^2 = E[X^2] - m^2$$

となる．連続型確率変数の場合も同様である． ∎

　命題 3.1(2) を用いて分散を計算する方が，定義に基づいて計算するより楽であることが多い．また，X の平均，分散を m, σ^2 ($\sigma > 0$) とするとき，確率変数 T を

$$T = \frac{X - m}{\sigma}$$

によって定義すると，命題 3.1(1) より $E[T] = 0, V[T] = 1$ となる．T を X を**正規化**した確率変数，または単に X の正規化という．

　本節の最後に，分散の小さい確率分布は平均のまわりに値が集まる確率が大きいことを示す不等式を与える．

定理 3.2 [チェビシェフの不等式]　　$E[X^2]$ が有限で分散の存在する確率変数 X に対して，

$$P(|X - E[X]| \geqq \alpha) \leqq \frac{V[X]}{\alpha^2}$$

がすべての $\alpha > 0$ に対して成り立つ．

　チェビシェフの不等式より, $V[X]$ の値が小さいならば, 左辺の X とその平均の差が α 以上である確率も小さいことがわかる.

　チェビシェフの不等式はすべての確率変数に対して成り立つ非常に有用な不等式である. ただし, 右辺は 1 以上になる場合もあり, 一般には, 値としてはまったく異なる.

【証明】　X が確率密度 f をもつ連続型確率変数のときに示す. 離散型確率変数の場合も同様である.

　$E[X] = m$ と書くと, 分散の定義より

$$V[X] = \int_{-\infty}^{\infty} (x - m)^2 f(x)\, dx$$

$$\geq \int_{-\infty}^{m-\alpha} (x - m)^2 f(x)\, dx + \int_{m+\alpha}^{\infty} (x - m)^2 f(x)\, dx$$

が成り立つ. 右辺の積分範囲の x に対して $|x - m| \geq \alpha$ だから,

$$V[X] \geq \alpha^2 \left(\int_{-\infty}^{m-\alpha} f(x)\, dx + \int_{m+\alpha}^{\infty} f(x)\, dx \right) = \alpha^2 P(|X - m| \geq \alpha)$$

となる. これから結論を得る. ∎

　非負値の確率変数に対しては, 一般に次のマルコフの不等式が成り立つ. チェビシェフの不等式はその特別な場合である. 証明も同様である.

定理 3.3 [マルコフの不等式]　X を非負値確率変数とすると, 任意の $\alpha > 0$ に対して次の不等式が成り立つ:

$$P(X \geq \alpha) \leq \frac{1}{\alpha} E[X].$$

【証明】　X の分布が確率密度 f をもつ連続分布のときに示す. 離散分布のときも同様である. このとき,

$$E[X] = \int_0^{\infty} x f(x)\, dx \geq \int_{\alpha}^{\infty} x f(x)\, dx \geq \alpha \int_{\alpha}^{\infty} f(x)\, dx$$

となるので, $E[X] \geq \alpha P(X \geq \alpha)$ となる. ∎

§3.3 積率 (モーメント) 母関数

確率変数 X を $\mathbf{R}$ 上の関数 g に代入してできる確率変数 $g(X)$ を考えると便利なことが多い. 前節に述べた確率変数の分散は $g(x) = (x - m)^2$ の場合であり, 正規化は $g(x) = \dfrac{x - m}{\sigma}$ の場合である.

これらのときに見たように, X がとり得る値が $a_1, a_2, \ldots, a_N$ $(N \leqq \infty)$ の離散型確率変数の場合には, $g(X)$ の平均は

$$E[g(X)] = \sum_{i=1}^{N} g(a_i) P(X = a_i)$$

であり, X が確率密度 f をもつ連続型確率変数の場合には

$$E[g(X)] = \int_{\mathbf{R}} g(x) f(x) \, dx$$

となる.

本節では, 関数 g として指数関数を考える.

定義 確率変数 X, $t \in \mathbf{R}$ に対して, e^{tX} の期待値

$$M_X(t) = E[e^{tX}]$$

を t の関数と考えて, X の**積率 (モーメント) 母関数**という.

X が $P(X = a_i) = p_i$ $(i = 1, 2, \ldots, N)$((3.1) 参照) で確率分布が与えられる離散型確率変数である場合は,

$$M_X(t) = \sum_{i=1}^{N} e^{ta_i} p_i \tag{3.3}$$

であり, X が確率密度 f をもつ連続型確率変数の場合は

$$M_X(t) = \int_{-\infty}^{\infty} e^{tx} f(x) \, dx \tag{3.4}$$

となる.

注意 f が $[0, \infty)$ 上の関数のとき,

$$L_f(t) = \int_0^{\infty} e^{-tx} f(x) \, dx \quad (t \geqq 0)$$

を f の**ラプラス変換**という．微分方程式を解く場合などにおいて有用であり，さまざまな分野で用いられる．積率母関数は，ラプラス変換と本質的に同じものであるが，符号に関する習慣が異なる (定理 3.4 参照).

次章で述べる重要な確率分布の例に対しては，(3.3), (3.4) の右辺が具体的に計算され，積率母関数 $M_X(t)$ が形のよい関数で与えられる場合がある.

例 3.6 に与えた指数分布 ($f(x) = e^{-x}$ ($x \geqq 0$)) のように，すべての t に対して $M_X(t)$ が定まるとは限らない場合がある．しかし，$t = 0$ の近傍で $M_X(t)$ が定まれば十分であり，とくに微分可能であれば，$M_X(t)$ の名前の由来でもある次の有用な定理が成り立つ.

定理 3.4　確率変数 X の積率母関数 $M_X(t)$ が $t = 0$ の近傍で無限回微分可能であれば，

$$\frac{d^k}{dt^k} M_X(0) = E[X^k] \quad (k = 1, 2, \ldots)$$

が成り立つ．したがって，X の平均，分散は次のように表される：

$$E[X] = M_X'(0), \qquad V[X] = M_X''(0) - (M_X'(0))^2.$$

【証明】　X が離散型確率変数の場合に証明する．(3.3) の両辺を t で k 回微分すると，

$$\frac{d^k}{dt^k} M_X(t) = \sum_{i=1}^{N} (a_i)^k e^{ta_i} p_i$$

となる．したがって，$t = 0$ を代入すれば

$$\frac{d^k}{dt^k} M_X(t) \Big|_{t=0} = \sum_{i=1}^{N} (a_i)^k p_i = E[X^k]$$

となり，結論を得る.

定義　$E[X^k]$ $(k = 0, 1, 2, \ldots)$ を確率変数 X の k 次**積率 (モーメント)** という.

例 3.7　X を例 3.6 で考えた連続型確率変数とすると，

$$M_X(t) = \int_0^\infty e^{tx} e^{-x}\, dx = \int_0^\infty e^{-(1-t)x}\, dx = \frac{1}{1-t} \quad (t < 1)$$

が成り立つ.

$$M'_X(t) = \frac{1}{(1-t)^2}, \quad M''_X(t) = \frac{2}{(1-t)^3}$$

となるので, $M'_X(0) = 1$, $M''_X(0) = 2$ である. よって,

$$E[X] = M'_X(0) = 1, \quad V[X] = M''_X(0) - (M'_X(0))^2 = 1$$

となり, 例 3.6 と結果は一致する.

次の関数も, 確率論, 統計学においてよく用いられる.

定義　$C_X(t) = \log(M_X(t))$ によって定義される t の関数 $C_X(t)$ を確率変数 X の**キュムラント母関数**という.

定理 3.5　キュムラント母関数 $C_X(t)$ が $t = 0$ の近傍で 2 回連続的微分可能であれば,

$$C'_X(0) = E[X], \quad C''_X(0) = V[X]$$

が成り立つ.

問 3.1　定理 3.5 を証明せよ.

次の定理は以後何回か用いる. 主張のみを与える[6].

定理 3.6　(1) [ラプラス変換の一意性] 2 つの確率変数 X, Y に対して, ある区間上のすべての t に対して $M_X(t) = M_Y(t)$ が成り立つならば, X と Y の確率分布は一致する. つまり, 積率母関数は確率分布を特徴づける.
(2) [連続性] 確率分布の収束は積率母関数の収束と同値である[7].

i を虚数単位として,

$$\varphi_X(t) = E[e^{itX}]$$

とおき, t の関数と考えて $\varphi_X(t)$ を X の**特性関数**という.

---

[6] 詳細は, W. フェラー (国沢清典監訳) 『確率論とその応用 II 下』 (紀伊國屋書店) 参照.
[7] 確率分布の収束に関しては, 舟木直久著 『確率論』 (朝倉書店) などを参照.

積率母関数は，t の範囲 (定義域) に制限があったり定義されない場合がある (例 3.7 参照). これに対して特性関数は，$|e^{itX}| = 1$ だから，すべての $t \in \mathbf{R}$ に対して定義される. X が確率密度 f をもつ連続型確率変数の場合は次で与えられる :

$$\varphi_X(t) = \int_{-\infty}^{\infty} e^{itx} f(x)\, dx.$$

f が確率密度とは限らない場合も含めて，右辺を f の**フーリエ変換**という. フーリエ変換も，数学に限らず，さまざまな分野で用いられる. 定理 3.6 で述べたような特徴づけなど豊かな世界が広がるが，本書では複素数を扱うのを避けて積率母関数のみを考える.

§ 3.4 多次元確率分布

サイコロを 2 回独立にふるとき，1 回目，2 回目の目をそれぞれ X, Y として平面の点 $\begin{pmatrix} X \\ Y \end{pmatrix}$ を考えると，平面の 36 個の点 $\begin{pmatrix} i \\ j \end{pmatrix}$ $(i, j = 1, 2, \ldots, 6)$ にそれぞれ確率 $\dfrac{1}{36}$ が与えられた $\mathbf{R}^2$ 上の確率分布ができる. 確率変数のとる値は，実数でなくても，$\mathbf{R}^2$ や一般に $\mathbf{R}^n$ $(n \geqq 2)$ でもよく，この場合，確率ベクトルと呼ばれる. 統計においても，生徒の身長と体重を並べたデータを考えるなど，多次元で考える必要があることは想像に難くないと思われる.

この節では，$\mathbf{R}^n$ 上の確率分布について，$n = 2$ の場合を中心に述べる.

定義 $\mathbf{R}^2$ 上の点 $\begin{pmatrix} a_i \\ b_j \end{pmatrix}$ $(i = 1, 2, \ldots, M \,;\, j = 1, 2, \ldots, N)$ と

$$p_{ij} \geqq 0, \quad \sum_{i=1}^{M} \sum_{j=1}^{N} p_{ij} = 1$$

をみたす p_{ij} が与えられたとき，$\{\begin{pmatrix} a_i \\ b_j \end{pmatrix},\, p_{ij}\}$ によって定まる $\mathbf{R}^2$ 上の確率分布を $\mathbf{R}^2$ 上の**離散分布**という.

$\begin{pmatrix} a_i \\ b_j \end{pmatrix}$ $(i = 1, 2, \ldots, M \,; j = 1, 2, \ldots, N)$ に値をもつ確率的なベクトルを

$\boldsymbol{X}$ と書き，$\boldsymbol{X} = \begin{pmatrix} X \\ Y \end{pmatrix}$ と成分で書く．このとき，X は $\{a_1, a_2, \ldots, a_M\}$ に，

Y は $\{b_1, b_2, \ldots, b_N\}$ に値をとる確率変数であり，

$$P(X = a_i) = P\Big(\bigcup_{j=1}^{N}\Big\{\begin{pmatrix} X \\ Y \end{pmatrix} = \begin{pmatrix} a_i \\ b_j \end{pmatrix}\Big\}\Big) = \sum_{j=1}^{N} p_{ij}$$

$$P(Y = b_j) = P\Big(\bigcup_{i=1}^{M}\Big\{\begin{pmatrix} X \\ Y \end{pmatrix} = \begin{pmatrix} a_i \\ b_j \end{pmatrix}\Big\}\Big) = \sum_{i=1}^{M} p_{ij}$$

が成り立つ．このとき，

$$\sum_{j=1}^{N} p_{ij} = p_i, \quad \sum_{i=1}^{M} p_{ij} = q_j$$

とおいて，$\mathbf{R}$ 上の離散分布 $\{(a_i, p_i)\}_{i=1}^{M}$，$\{(b_j, q_j)\}_{j=1}^{N}$ をそれぞれ X, Y の周辺分布という．上の $\mathbf{R}^2$ 上の確率分布を X, Y の同時分布という．

　逆に，離散型確率変数 X, Y が与えられると，確率ベクトル $\begin{pmatrix} X \\ Y \end{pmatrix}$ によって $\mathbf{R}^2$ 上の離散分布が定まる．

例 3.8　サイコロを 2 回独立にふるとき，1 回目，2 回目の目を X, Y とし，$Z = Y - X$ とおく．このとき，確率ベクトル $\begin{pmatrix} X \\ Z \end{pmatrix}$ は

$$\begin{pmatrix} i \\ j \end{pmatrix} \quad (i = 1, 2, \ldots, 6 \,; j = -5, -4, \ldots, 4, 5)$$

に値をもつ．ただし，$(1, -1)$ のような値をとらない点は確率 0 とする[8]．　▌

---

[8] $\mathbf{R}$ 上の離散分布は値をもたない点は考える必要がないが，$\mathbf{R}^2$ 上の場合はこの例のように確率 0 の点を考える方が便利な場合がある．

$\mathbf{R}^2$ 上の連続分布も同様に定義する.

定義　2 変数関数 $f(x, y)$ が
$$f(x, y) \geqq 0, \quad \iint_{\mathbf{R}^2} f(x, y)\, dxdy = 1$$
をみたすとする. このとき, $D \subset \mathbf{R}^2$ の確率を $\displaystyle\iint_D f(x, y)\, dxdy$ と定義することによって $\mathbf{R}^2$ 上の確率分布が定まる. これを f を確率密度にもつ $\mathbf{R}^2$ 上の連続分布という.

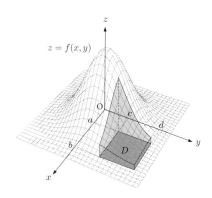

f を $\mathbf{R}^2$ 上の確率密度とするとき, $D \subset \mathbf{R}^2$ に含まれる確率が
$$P(\boldsymbol{X} \in D) = \iint_D f(x, y)\, dxdy$$
で与えられる確率ベクトル $\boldsymbol{X}$ を考えることができる. $\boldsymbol{X} = \begin{pmatrix} X \\ Y \end{pmatrix}$ と成分で表して, 領域 D として長方形 $[a, b] \times [c, d]$ をとると
$$P(a \leqq X \leqq b, c \leqq Y \leqq d) = \int_a^b \int_c^d f(x, y)\, dxdy$$
が成り立つ. したがって,
$$f_1(x) = \int_{-\infty}^{\infty} f(x, y)\, dy, \quad f_2(y) = \int_{-\infty}^{\infty} f(x, y)\, dx$$
とおくと,

$$P(a \leqq X \leqq b) = \int_a^b f_1(x)\, dx, \quad P(c \leqq Y \leqq d) = \int_c^d f_2(y)\, dy$$

が成り立つことがわかる.

f_1, f_2 によって定まる $\mathbf{R}$ 上の連続分布を, それぞれ X, Y の**周辺分布**という. X の確率密度 $f(x, y)$ を X, Y の同時分布の**確率密度**という.

もっと一般の $\mathbf{R}^2$ 上の確率分布を考えることもできるが, 本書では, 同時分布および周辺分布が上に述べたような離散分布または連続分布である場合のみを考える. 応用上も十分である.

$\mathbf{R}^n \ (\geqq 3)$ 上の確率分布も同様に考えることができる. 連続分布であれば,

$$f(x_1, x_2, \ldots, x_n) \geqq 0, \quad \int \cdots \int_{\mathbf{R}^n} f(x_1, x_2, \ldots, x_n)\, dx_1 dx_2 \cdots dx_n = 1$$

をみたす $\mathbf{R}^n$ 上の関数 f を考えて, $D \subset \mathbf{R}^n$ の確率を

$$\int \cdots \int_D f(x_1, x_2, \ldots, x_n)\, dx_1 dx_2 \cdots dx_n$$

と与えればよい.

§ 3.5   独立確率変数

互いに影響を与えない 2 つの確率変数を独立であるという. 正確には, 事象の独立性を用いて定義する.

定義   2 つの確率変数 X, Y が**独立**であるとは, $a \leqq b$ および $c \leqq d$ をみたす任意の $a, b, c, d \in \mathbf{R}$ に対して事象 $\{a \leqq X \leqq b\}$ と $\{c \leqq Y \leqq d\}$ が独立であること, つまり

$$P(a \leqq X \leqq b, c \leqq Y \leqq d) = P(a \leqq X \leqq b)P(c \leqq Y \leqq d)$$

が成り立つことをいう.

X, Y が独立な試行の結果から得られている場合は, X と Y は独立である. たとえば, サイコロを 2 回独立にふるときの 1 回目, 2 回目の目をそれぞれ X, Y とすると, X と Y は独立である. しかし, $Z = Y - X$ とおくと, Z のとり得る値の範囲は X の値により変わるから X と Z は独立ではない.

次は，独立性の意味から明らかであろう．

命題 3.7　　X と Y が独立であれば，$\mathbf{R}$ 上の任意の関数 φ, ψ に対して $\varphi(X)$ と $\psi(Y)$ は独立である．

X, Y の平均 m_X, m_Y は定数だから，X と Y が独立であれば $X - m_X$ と $Y - m_Y$ も独立である．

次に，2 つの確率変数が独立であるための条件を，それらの同時分布と周辺分布を用いて表す．

命題 3.8　　離散型確率変数 X, Y の同時分布，周辺分布が，

$$P\left(\begin{pmatrix} X \\ Y \end{pmatrix} = \begin{pmatrix} a_i \\ b_j \end{pmatrix}\right) = p_{ij}, \tag{3.5}$$

$$P(X = a_i) = p_i, \ P(Y = b_j) = q_j \quad (i = 1, 2, \ldots, M; j = 1, 2, \ldots, N) \tag{3.6}$$

によって与えられているとする．このとき，X と Y が独立であるための必要十分条件は，すべての i, j に対して $p_{ij} = p_i q_j$ が成り立つこと，つまり

$$P(X = a_i \text{ かつ } Y = b_j) = P(X = a_i)P(Y = b_j)$$

がすべての $i \in \{1, 2, \ldots, M\}$, $j \in \{1, 2, \ldots, N\}$ に対して成り立つことである．

　証明は容易であるから省略する．
　連続型の場合は次のようになる．

命題 3.9　　X, Y を連続型確率変数とし，その同時分布，周辺分布の確率密度をそれぞれ $f(x, y)$, $f_1(x)$, $f_2(y)$ とし，$\mathbf{R}^2$ 上，$\mathbf{R}$ 上の連続関数であるとする[9]．このとき，X と Y が独立であるための必要十分条件は，すべての $x, y \in \mathbf{R}$ に対して

$$f(x, y) = f_1(x)f_2(y)$$

が成り立つことである．

---

[9] もっと一般に命題は成り立つが，本書ではこの仮定のもとで考えれば十分である．

【証明】 X と Y が独立ならば，すべての x, y, h, k $(h, k > 0)$ に対して

$$P(x \leqq X \leqq x+h, y \leqq Y \leqq y+k) = \int_x^{x+h} \int_y^{y+k} f(u, v)\, du\, dv$$

$$= P(x \leqq X \leqq x+h) P(y \leqq Y \leqq y+k) = \int_x^{x+h} f_1(u)\, du \int_y^{y+k} f_2(v)\, dv$$

が成り立つ．両辺を hk で割って $h, k \to 0$ とすれば，$f(x, y) = f_1(x) f_2(y)$ となる．
逆は明らかである．

次の独立確率変数の積の平均に対する事実は重要である．

定理 3.10 X と Y が独立であれば，$E[XY] = E[X]E[Y]$ が成り立つ．

【証明】 X と Y が離散型確率変数で，その同時分布が (3.5) で与えられているとすると，XY の平均は

$$E[XY] = \sum_{i=1}^{M} \sum_{j=1}^{N} (a_i b_j) p_{ij}$$

である．X と Y が独立であれば，X, Y の周辺分布 (3.6) を用いて $p_{ij} = p_i q_j$ が成り立つので，次の結論を得る：

$$E[XY] = \sum_{i=1}^{M} \sum_{j=1}^{N} a_i b_j (p_i q_j) = \sum_{i=1}^{M} a_i p_i \sum_{j=1}^{N} b_j q_j = E[X]E[Y].$$

X, Y が連続型確率変数の場合も同様である．

確率変数の定数倍および和の平均と分散について述べる．

定理 3.11   (1) 確率変数 X, Y と $\alpha, \beta \in \mathbf{R}$ に対して，次が成り立つ：

$$E[\alpha X + \beta Y] = \alpha E[X] + \beta E[Y]. \tag{3.7}$$

(2) X と Y が独立であれば，次が成り立つ：

$$V[\alpha X + \beta Y] = \alpha^2 V[X] + \beta^2 V[Y]. \tag{3.8}$$

【証明】   (1) X, Y がその同時分布，周辺分布が (3.5), (3.6) で与えられる離散型確率変数の場合に示す．このとき，

$$E[\alpha X + \beta Y] = \sum_{i=1}^{M} \sum_{j=1}^{N} (\alpha a_i + \beta b_j) p_{ij} = \alpha \sum_{i=1}^{M} a_i \sum_{j=1}^{N} p_{ij} + \beta \sum_{j=1}^{N} b_j \sum_{i=1}^{M} p_{ij}$$

が成り立つ. 同時分布と周辺分布の関係, $\sum_{j=1}^{N} p_{ij} = P(X = a_i)$, $\quad \sum_{i=1}^{M} p_{ij} = P(Y = b_j)$
を用いると, 次のように結論を得る:

$$E[\alpha X + \beta Y] = \alpha \sum_{i=1}^{M} a_i P(X = a_i) + \beta \sum_{j=1}^{N} b_j P(Y = b_j) = \alpha E[X] + \beta E[Y].$$

(2) $E[X] = m_X$, $E[Y] = m_Y$ とおくと, (3.7) より

$$\begin{aligned}
V[\alpha X + \beta Y] &= E[\{(\alpha X + \beta Y) - (\alpha m_X + \beta m_Y)\}^2] \\
&= E[\{\alpha(X - m_X) + \beta(Y - m_Y)\}^2] \\
&= \alpha^2 E[(X - m_X)^2] + 2\alpha\beta E[(X - m_X)(Y - m_Y)] + \beta^2 E[(Y - m_Y)^2]
\end{aligned}$$

が成り立つ. X と Y が独立であれば, 定理 3.10 より次が成り立つので結論を得る:

$$E[(X - m_X)(Y - m_Y)] = E[X - m_X]E[Y - m_Y] = 0.$$

証明からもわかるように, X と Y が独立でなくても定理 3.11(1) は成り立つが, 一般に (2) は成り立たない.

独立な確率変数の和の確率分布は次で与えられる.

定理 3.12　X, Y を整数に値をもつ独立な確率変数とすると, $X + Y$ の確率分布は

$$P(X + Y = r) = \sum_{\ell=-\infty}^{\infty} P(X = r - \ell)P(Y = \ell) \quad (r \in \boldsymbol{Z})$$

によって与えられる. X, Y が 0 以上の整数に値をもつ場合は, 次が成り立つ:

$$P(X + Y = r) = \sum_{\ell=0}^{r} P(X = r - \ell)P(Y = \ell) \quad (r = 0, 1, 2, \ldots).$$

【証明】　事象 $\{X + Y = r\}$ を排反事象の和

$$\{X + Y = r\} = \bigcup_{\ell=-\infty}^{\infty} \{X = r - \ell, Y = \ell\}$$

に分けて, X, Y の独立性を用いればよい.

定理 3.12 の応用例については, §4.1 を参照してほしい.

X, Y が連続型確率変数の場合は, $X + Y$ の確率密度は, **畳みこみ**と呼ばれる $X + Y$ の確率密度の積分で与えられる. 定理 3.12 と比較してほしい.

定理 3.13 X, Y を独立で, それぞれ確率密度 f_1, f_2 をもつ確率変数とするとき, $X + Y$ の確率密度 f は次で与えられる:

$$f(z) = \int_{-\infty}^{\infty} f_1(z - y) f_2(y)\, dy \quad (z \in \mathbf{R}).$$

【証明】 X, Y ともに, すべての t に対して積率母関数が定義されると仮定して証明する[10]. 命題 3.9 より, $X + Y$ の積率母関数は

$$E[e^{t(X+Y)}] = \iint_{\mathbf{R}^2} e^{t(x+y)} f_1(x) f_2(y)\, dxdy$$

によって与えられる. 右辺の重積分において, $z = x + y$, $u = y$ によって変数変換すると

$$dzdu = \left| \frac{\partial(z, u)}{\partial(x, y)} \right| dxdy = dxdy$$

だから,

$$E[e^{t(X+Y)}] = \iint_{\mathbf{R}^2} e^{tz} f_1(z - u) f_2(u)\, dzdu = \int_{\mathbf{R}} e^{tz} \left(\int_{\mathbf{R}} f_1(z - u) f_2(u)\, du \right) dz$$

となる. これは定理の主張を示す.   ∎

商についても, 類似の考え方により証明できる. 後で使う形で示す.

定理 3.14 X, Y を独立で, それぞれ確率密度 f_1, f_2 をもつ確率変数とするとき, 正の定数 p, q に対して $Z = \dfrac{pX}{qY}$ の確率密度 f は次で与えられる:

$$f(z) = \int_{-\infty}^{\infty} f_1\left(\frac{qzy}{p} \right) f_2(y) \frac{q}{p} y\, dy \quad (z \in \mathbf{R}).$$

【証明】 X, Y ともに, すべての t に対して積率母関数が定義されると仮定して証明する. Z の積率母関数は,

$$E[e^{tZ}] = \iint_{\mathbf{R}^2} e^{t \frac{px}{qy}} f_1(x) f_2(y)\, dxdy$$

---

[10] 特性関数 (フーリエ変換) を考えれば, 同じ議論ですべての場合に証明できる. また, 無限積分なので厳密に議論する必要があるが, 直感的には明らかであろう. 非負値の関数のみを扱っているので, ルベーグ積分におけるフビニの定理を適用すればよい.

と書ける. 右辺の積分について, $z = \dfrac{px}{qy}, u = y$ とおいて変数変換をすると, $x = \dfrac{qzu}{p}, y = u$ となるのでヤコビアンの計算をすると

$$dxdy = \left| \frac{\partial(x,y)}{\partial(z,u)} \right| dzdu = \left| \det \begin{pmatrix} \dfrac{qu}{p} & 0 \\ \dfrac{qz}{p} & 1 \end{pmatrix} \right| dzdu = \frac{qu}{p} dzdu$$

となる. したがって,

$$E[e^{tZ}] = \iint_{\mathbf{R}^2} e^{tz} f_1\Big(\frac{qzu}{p}\Big) f_2(u) \frac{q}{p} u\, dzdu$$

$$= \int_{\mathbf{R}} e^{tz} \Big(\int_{\mathbf{R}} f_1\Big(\frac{qzu}{p}\Big) f_2(u) \frac{q}{p} u\, du \Big) dz$$

となり, 定理の主張を得る.

§ 3.6 共分散, 相関係数

2 つの確率変数 X, Y が必ずしも独立ではないとき, これらの関係について表す量として, 共分散, 相関係数がある.

定義 確率変数 X, Y に対して

$$\mathrm{Cov}\,(X, Y) = E[(X - E[X])(Y - E[Y])],$$

$$\rho(X, Y) = \frac{\mathrm{Cov}\,(X, Y)}{\sqrt{V[X]}\sqrt{V[Y]}}$$

とおき, それぞれ X, Y の**共分散**, **相関係数**と呼ぶ.

命題 3.15 $\mathrm{Cov}\,(X, Y) = E[XY] - E[X]E[Y]$ が成り立つ.

証明は容易であるから省略する.

$\rho(X, Y) > 0$ のとき X, Y は正の相関をもつ, $\rho(X, Y) < 0$ のとき負の相関をもつという. 極端な場合として, $Y = X$ の場合を考えると $\rho(X, X) = 1$ であり, $Y = -X$ の場合は $\rho(X, -X) = -1$ が成り立つ. 正の相関は, 一方の値が大きいならば他方も大きな値をもつ傾向があることを意味する.

命題 3.16　　(1) 確率変数 X と Y が独立であれば，$\operatorname{Cov}(X, Y) = 0$ である[11]．
(2) すべての確率変数 X, Y に対して $|\rho(X, Y)| \leqq 1$ が成り立つ．さらに，等号
が成り立つのは，定数 a, b が存在して $Y = aX + b$ となる場合に限る．

【証明】　　(1) は定理 3.10 から直ちにわかる．
(2) を示すために，$t \in \mathbf{R}$ として $V[tX - Y]$ を t の 2 次関数の形に書く．$E[X] = m_X$，$E[Y] = m_Y$ と書くと，

$$V[tX - Y] = E[\{(tX - Y) - (tm_X - m_Y)\}^2]$$

$$= E[\{t(X - m_X) - (Y - m_Y)\}^2] = V[X]t^2 - 2\operatorname{Cov}(X, Y)t + V[Y]$$

である．任意の $t \in \mathbf{R}$ に対して $V[tX - Y] \geqq 0$ だから，

$$\frac{1}{4}(\text{判別式}) = \{\operatorname{Cov}(X, Y)\}^2 - V[X]V[Y] \leqq 0$$

であり，これから $|\rho(X, Y)| \leqq 1$ を得る．

$|\rho(X, Y)| = 1$ のとき，$t_0 = \dfrac{\operatorname{Cov}(X, Y)}{V[X]}$ とおくと，$V[t_0 X - Y] = 0$ が成り立つ．
よって，

$$t_0(X - m_X) - (Y - m_Y) = 0, \quad \text{つまり} \quad Y = t_0 X + (m_Y - t_0 m_X)$$

となり，結論を得る．　　∎

　本来の順序と逆になったが，実数値関数 $\varphi(x), \psi(x)$，実数値確率変数 X, Y
および $t \in \mathbf{R}$ に対して，

$$\int_a^b (t\varphi(x) + \psi(x))^2 \, dx$$

$$= \int_a^b \varphi(x)^2 dx \cdot t^2 + 2\int_a^b \varphi(x)\psi(x) \, dx \cdot t + \int_a^b \psi(x)^2 dx \geqq 0,$$

$$E[(tX + Y)^2] = E[X^2]t^2 + 2E[XY]t + E[Y^2] \geqq 0$$

であることより，

$$\left\{\int_a^b \varphi(x)\psi(x) \, dx\right\}^2 \leqq \int_a^b \varphi(x)^2 \, dx \int_a^b \psi(x)^2 \, dx,$$

$$\{E[XY]\}^2 \leqq E[X^2]E[Y^2]$$

---

[11] 逆は，必ずしも成り立たない．章末問題 3.6 参照．

が，命題の証明と同様に証明される．これらを**シュワルツの不等式**という．

　最後に，多次元確率ベクトルに対する，平均ベクトル，共分散行列の定義を与えておく．

定義　$\boldsymbol{X} = {}^t(X_1, X_2, \ldots, X_n)$ を $\mathbf{R}^n$ に値をもつ確率ベクトルとするとき，各成分の平均 $E[X_i]$ を成分にもつベクトル ${}^t(E[X_1], E[X_2], \ldots, E[X_n])$ を $\boldsymbol{X}$ の**平均ベクトル**という．また，X_i と X_j の共分散 $\mathrm{Cov}\,(X_i, X_j)$ を (i, j) 成分とする n 次実対称行列を $\boldsymbol{X}$ の**共分散行列**という．

　また，$\boldsymbol{t} = (t_1, t_2, \ldots, t_n)$ に対して，$\langle \boldsymbol{t}, \boldsymbol{X} \rangle = \displaystyle\sum_{i=1}^{n} t_i X_i$ として $e^{\langle \boldsymbol{t}, \boldsymbol{X} \rangle}$ の期待値 $E[e^{\langle \boldsymbol{t}, \boldsymbol{X} \rangle}]$ を $\boldsymbol{t} \in \mathbf{R}^n$ の関数と考えて，$\boldsymbol{X}$ の**積率母関数**という．

$M_{\boldsymbol{X}}(t) = E[e^{\langle \boldsymbol{t}, \boldsymbol{X} \rangle}]$ とおくと，定理 3.4 と同様，

$$\frac{\partial}{\partial t_i} M_{\boldsymbol{X}}(t)\Big|_{\boldsymbol{t}=0} = E[X_i], \qquad \frac{\partial^2}{\partial t_i \partial t_j} M_{\boldsymbol{X}}(t)\Big|_{\boldsymbol{t}=0} = E[X_i X_j]$$

が成り立つ．

◆◆章末問題 3 ◆◆

3.1 (1) 定理 3.2 を離散型確率変数に対して証明せよ．

(2) 定理 3.4 を連続型確率変数に対して証明せよ．

3.2 確率変数 X，定数 a に対して，X の a の周りの 2 次モーメントを $V_a[X] = E[(X-a)^2]$ で定義する．このとき，$V_a[X] \geqq V[X]$ であり，等号が成り立つのは a が X の平均 m のときに限ることを示せ．

3.3 X を正の値をとる連続型確率変数とし，その確率密度を f とする．つまり，$x \leqq 0$ に対して $f(x) = 0$ とする．

(1) $Y = \sqrt{X}$ の分布関数 $F_Y(x) = P(Y \leqq x)$ $(x > 0)$ を f を用いた積分によって表せ．

(2) (1) の結果を微分して Y の確率密度を f を用いて表せ．

3.4 X を確率密度 f をもつ連続型確率変数とする．

(1) $Z = X^2$ の分布関数を f を用いた積分の形に書け．

(2) Z の確率密度を f を用いて表せ．

3.5 (1) X が非負の整数に値をとる離散型確率変数のとき，次を示せ：

$$E[X] = \sum_{r=1}^{\infty} P(X \geqq r).$$

(2) X を非負で連続な確率密度をもつ連続型確率変数とし，分布関数 $F(x)$ が $x(1 - F(x)) \to 0$ $(x \to \infty)$ をみたすと仮定する．このとき，次が成り立つことを示せ：

$$E[X] = \int_0^{\infty} P(X \geqq x)\,dx.$$

3.6 X, Y を $\{0, 1\}$ をそれぞれ確率 $\dfrac{1}{2}$ ずつでとる独立で同じ確率分布に従う確率変数とするとき，$\rho(X + Y, |X - Y|) = 0$ が成り立つこと，$X + Y$ と $|X - Y|$ は独立ではないことを示せ．

4

主な確率分布

前章で確率分布の一般論について説明した．離散分布は現れる値とその値の確率を定めれば決まるし，連続分布は確率密度と呼ばれる関数により確率分布が与えられる．本章では，実際上よく現れる確率分布について述べる．具体例や導出について，合わせて学習してほしい．

§4.1 離散分布

(1) 二項分布

サイコロをふるように，同じ試行を n 回独立に行うとする．このとき，ある確率 p $(0 < p < 1)$ の事象 A が起きる回数を X とすると，X は $0, 1, 2, \ldots, n$ のいずれかであり，$X = r$，つまり A が n 回中 r 回起きる確率 $P(X = r)$ は

$$P(X = r) = {}_n\mathrm{C}_r\, p^r (1-p)^{n-r} \quad (r = 0, 1, 2, \ldots, n)$$

となる．ただし，${}_n\mathrm{C}_r$ は二項係数である．偏りのないサイコロを n 回独立にふる場合の 6 の回数を考えるならば，$p = \dfrac{1}{6}$ とすればよい．

世論調査などにおいてある案件に賛成する人の割合を考える場合，あるテレビ番組の視聴率を考える場合，成功と失敗を繰り返す実験を繰り返して成功する割合を考える場合などにおいて，この二項分布が考察の基礎となる．

定義　n を自然数，p を $0 < p < 1$ をみたす実数とする．確率変数 X が $\{0, 1, 2, \ldots, n\}$ に値をもち，確率分布が

$$P(X = r) = {}_n\mathrm{C}_r\, p^r (1-p)^{n-r} \quad (r = 0, 1, 2, \ldots, n)$$

によって与えられるとき，X は**二項分布**[1]$B(n, p)$ に従うという．

---

[1] 二項分布 (binomial distribution).

二項定理 $(x + y)^n = \sum_{r=0}^{n} {}_n\mathrm{C}_r\, x^r y^{n-r}$ より,

$$\sum_{r=0}^{n} {}_n\mathrm{C}_r\, p^r (1 - p)^{n-r} = (p + (1 - p))^n = 1$$

が成り立つことに注意しておく.

問 4.1 (1) サイコロを 5 回独立にふるときに 6 が 3 回出る確率はいくらか.
(2) サイコロを 50 回独立にふるとき,6 の出る回数が 7 回以上 11 回以下である確率を,付録の二項分布表などを用いて求めよ.

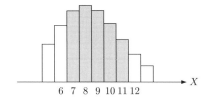

命題 4.1   確率変数 X が二項分布 $B(n, p)$ に従うとし,$q = 1 - p$ とおく.
(1) X の平均,分散は,$E[X] = np, V[X] = npq$ で与えられる.
(2) X の積率母関数は

$$M_X(t) = (pe^t + q)^n$$

で与えられる.

【証明】 命題 3.1 を用いるため,先に (2) を示す.これは,二項定理より,

$$M_X(t) = E[e^{tX}] = \sum_{r=0}^{n} e^{tr}\, {}_n\mathrm{C}_r\, p^r q^{n-r}$$

$$= \sum_{r=0}^{n} {}_n\mathrm{C}_r\, (pe^t)^r q^{n-r} = (pe^t + q)^n$$

となることからわかる.したがって,

$$M_X'(t) = n(pe^t + q)^{n-1} pe^t,$$

$$M_X''(t) = n(n-1)(pe^t + q)^{n-2}(pe^t)^2 + n(pe^t + q)^{n-1} pe^t$$

となるから,$t = 0$ を代入し定理 3.4 を用いると

$$E[X] = M_X'(0) = np, \quad E[X^2] = M_X''(0) = n(n-1)p^2 + np$$

が得られる.よって,命題 3.1 より結論を得る.

定義に基づく平均，2 次モーメントの計算は，二項係数に関するよい演習問題なので，ぜひ試みて欲しい (章末問題 4.1)．

二項分布のもつ次の性質は，**再生性**と呼ばれる．二項分布の意味を考えることによっても得られる．

定理 4.2 X_1, X_2 が独立で，それぞれ二項分布 $B(n_1, p), B(n_2, p)$ に従う確率変数とするとき，$X_1 + X_2$ は二項分布 $B(n_1 + n_2, p)$ に従う．

問 4.2 定理 3.12 を用いて，定理 4.2 を示せ．

(2) ポアソン分布

前項に述べた二項分布 $B(n, p)$ は，理論上も実際上も重要な確率分布であるが，n が大きい場合に実際の確率の値を計算することは容易ではない．

ここでは，n が大きく，p が小さい場合を考える．二項分布 $B(n, p)$ の平均 np を一定として (λ とする)，$n \to \infty$, $p \to 0$ とした極限を考えたときに得られる確率分布がポアソン (Poisson) 分布である．

このように，1 つの試行を多くくり返すとき，めったに起こらないがいくつかは起きるような状況は応用上よく現れる．たとえば，宝くじの一等がある地域で出る本数であれば，n として売り上げ枚数，p として一等の割合を考えればよい．放射性物質の単位時間内の崩壊数も同様だし，一日のある県内の交通事故の数や各種事故の数などは各種の保険を考える際の基本となる．

まず，X_n を二項分布 $B(n, p)$ に従う確率変数とする．r を固定して，

$$P(X_n = r) = {}_nC_r\, p^r (1-p)^{n-r}$$

の左辺に $p = \dfrac{\lambda}{n}$ を代入すると，

$$P(X_n = r) = \frac{n(n-1)\cdots(n-(r-1))}{r!} \left(\frac{\lambda}{n}\right)^r \left(1 - \frac{\lambda}{n}\right)^{n-r}$$

$$= \frac{\lambda^r}{r!} \frac{n}{n} \frac{n-1}{n} \cdots \frac{n-(r-1)}{n} \left(1 - \frac{\lambda}{n}\right)^n \left(1 - \frac{\lambda}{n}\right)^{-r}$$

となる．ここで，$n \to \infty$ とすると，

$$\left(1 - \frac{\lambda}{n}\right)^n \to e^{-\lambda}, \quad \left(1 - \frac{\lambda}{n}\right)^{-r} \to 1$$

であるから，

$$_n\mathrm{C}_r\, p^r(1-p)^{n-r} \to e^{-\lambda}\frac{\lambda^r}{r!} \quad (r = 0, 1, 2, \ldots)$$

が成り立つことがわかる．これを**ポアソンの少数の法則**という．

たとえば，$n = 100$, $p = 0.03$ のとき，

$$P_r^{(100)} = {}_{100}\mathrm{C}_r\left(\frac{3}{100}\right)^r\left(\frac{97}{100}\right)^{100-r}, \qquad P_r = e^{-3}\frac{3^r}{r!}$$

とおくと，

r	0	1	2	3	4	$\cdots$
$P_r^{(100)}$	0.048	0.147	0.225	0.227	0.171	$\cdots$
P_r	0.050	0.149	0.224	0.224	0.168	$\cdots$

となる．

さらに，指数関数のマクローリン展開より

$$\sum_{r=0}^{\infty} e^{-\lambda}\frac{\lambda^r}{r!} = e^{-\lambda}\sum_{r=0}^{\infty}\frac{\lambda^r}{r!} = e^{-\lambda}e^{\lambda} = 1$$

であり，$\{e^{-\lambda}\frac{\lambda^r}{r!}\}_{r=0}^{\infty}$ により $\{0, 1, 2, \ldots,\}$ 上の確率分布が定まる．

定義　λ を正の定数とする．確率変数 X が，0 以上の整数に値をもち，その確率分布が

$$P(X = r) = e^{-\lambda}\frac{\lambda^r}{r!} \quad (r = 0, 1, 2, \ldots)$$

で与えられるとき，X はパラメータ λ の**ポアソン分布**に従うという．

問 4.3　m を自然数とする．X がパラメータ m のポアソン分布に従うとき，$P(X = r)$ が最大となる r を求めよ．

定理 4.3　X がパラメータ λ のポアソン分布に従うとき，その平均，分散はともに λ である[2]．

---

[2] ポアソン分布の意味から明らかに思われるが，有界な値をとる確率変数ではないので証明が必要である．

【証明】 定義通りに計算する. $r! = r \cdot (r-1)!$ $(r \geqq 1)$ より, 平均は

$$E[X] = \sum_{r=0}^{n} r e^{-\lambda} \frac{\lambda^r}{r!} = \sum_{r=1}^{\infty} r e^{-\lambda} \frac{\lambda^r}{r!} = e^{-\lambda} \sum_{r=1}^{\infty} \frac{\lambda^r}{(r-1)!}$$

となる. これは, 指数関数のマクローリン展開より次のように計算できる:

$$E[X] = e^{-\lambda} \left(\lambda + \frac{\lambda^2}{1} + \frac{\lambda^3}{2!} + \cdots \right) = e^{-\lambda} \lambda \sum_{r=1}^{\infty} \frac{\lambda^r}{r!} = e^{-\lambda} \lambda e^{\lambda} = \lambda.$$

分散については, $r! = r(r-1) \cdot (r-2)!$ に注意して, $X(X-1)$ の平均 $E[X(X-1)]$ の表示を次のように変形する:

$$E[X(X-1)] = \sum_{r=0}^{\infty} r(r-1) e^{-\lambda} \frac{\lambda^r}{r!} = e^{-\lambda} \sum_{r=2}^{\infty} \frac{\lambda^r}{(r-2)!}.$$

これから, 平均の計算と同様に

$$E[X(X-1)] = e^{-\lambda} \left(\lambda^2 + \frac{\lambda^3}{1} + \frac{\lambda^4}{2!} + \cdots \right) = e^{-\lambda} \lambda^2 \sum_{r=0}^{\infty} \frac{\lambda^r}{r!} = \lambda^2$$

となる. よって, $E[X^2] = E[X(X-1)] + E[X] = \lambda^2 + \lambda$ となり,

$$V[X] = E[X^2] - (E[X])^2 = \lambda$$

が得られる. ∎

　ポアソン分布をポアソンの少数の法則と類似の方法で導出する. このために, 放射性物質の崩壊や会社などにかかってくる電話のように, 時間の経過に伴ってある事象 A が起きたり起きなかったりしているとし, 時間区間 $[0, T]$ 内に起きる回数を考える.

　次の仮定をおく:

仮定 1. $[0, T]$ を n 等分したとき, それぞれの区間において A は高々 1 回しか起きず, 起きる確率は λ を正定数, $o(1)$ を $n \to \infty$ のとき $o(1) \to 0$ をみたす関数として $\lambda \frac{T}{n}(1 + o(1))$ と書ける.

仮定 2. 異なる区間で A が起きるかどうかは独立である.

　仮定 1 は A が同時に起きることはないこと, 時間区間が短いならば A がそこで起きる確率は区間の幅にほぼ比例することを仮定している.

　このとき, $[0, T]$ において A の起きる回数は二項分布に従い, A が r 回起きる確率は

$$_n\mathrm{C}_r\left(\frac{\lambda T}{n}\right)^r\left(1-\frac{\lambda T}{n}\right)^{n-r}(1+o(1))\quad(r=0,1,\ldots,n)$$

と書ける. 本小節のはじめと同様に, この確率は r を固定して $n\to\infty$ とすると $e^{-\lambda T}\dfrac{(\lambda T)^r}{r!}$ に収束することが証明される. よって, $[0,T]$ において A が起きる回数は平均 λT のポアソン分布で近似されることがわかる.

なお, A が起きて次に起きるまでの時間が次節に述べる指数分布に従うとすると, 類似のことを示すことができる (章末問題 5.11 参照).

二項分布と同様に, ポアソン分布も再生性をもつ.

定理 4.4 X_1, X_2 が独立で, それぞれそれぞれパラメータ λ_1, λ_2 のポアソン分布に従う確率変数とするとき, X_1+X_2 はパラメータ $\lambda_1+\lambda_2$ のポアソン分布に従う.

問 4.4   定理 3.12 を用いて, 定理 4.4 を示せ.

(3)   幾何分布

サイコロを何回も独立にふるとき, r 回目に初めて 6 が出る確率は

$$\left(1-\frac{1}{6}\right)^{r-1}\frac{1}{6}\quad(r=1,2,\ldots)$$

である. このような等比級数で与えられる確率分布を幾何分布という.

定義 p を $0<p<1$ なる実数とする. 離散型確率変数 X が 0 以上の整数に値をもち, その確率分布が

$$(1-p)^r p\quad(r=0,1,2,\ldots)$$

によって与えられるとき, X はパラメータ p の**幾何分布**に従うという.

注意   冒頭の例であれば $p=\dfrac{1}{6}$ であり, 初めて 6 が出るまでに何回 6 以外の目が出たかを表す確率変数を考えて, X は 0 以上の整数に値をもつとするのが習慣である (例 3.2 とは異なる). このとき, 事象 $X\geqq r$ は, 初めの r 回で 6 の目が出なかったことを表す. 下の命題 4.6 も参照してほしい.

命題 4.5　X がパラメータ p の幾何分布に従う確率変数のとき，その平均，分散，積率母関数は次で与えられる:

$$E[X] = \frac{1-p}{p}, \quad V[X] = \frac{1-p}{p^2},$$

$$M_X(t) = \frac{p}{1-(1-p)e^t} \quad (t < \log \frac{1}{1-p}).$$

証明は演習問題とする.

幾何分布は次の性質をもつ.

命題 4.6　X が幾何分布に従う確率変数のとき，0 以上の整数 ℓ, m に対して次が成り立つ:

$$P(X \geqq \ell + m | X \geqq \ell) = P(X \geqq m).$$

【証明】　条件つき確率の定義より

$$P(X \geqq \ell + m | X \geqq \ell) = \frac{P(X \geqq \ell + m \text{ かつ } x \geqq \ell)}{P(X \geqq \ell)} = \frac{P(X \geqq \ell + m)}{P(X \geqq \ell)}$$

が成り立つ. また，n を 0 以上の整数とすると，

$$P(X \geqq n) = \sum_{r=n}^{\infty} (1-p)^r p = (1-p)^n \tag{4.1}$$

となるので，これを上に代入して結論を得る.

1 つの試行を独立にくり返す場合を考えると，命題 4.6 は，ある事象が ℓ 回起きなかったとき，さらに m 回試行を繰り返してもこの事象が起きない確率が ℓ に無関係であることを示している. サイコロを何回もふって一度も 6 がでなかったからといって，次に 6 が出やすくなることはないのである. これを幾何分布の**無記憶性**という.

(4)　負の二項分布

成功する確率が p の実験を独立に繰り返すとき，n 回成功するまでの失敗の回数が r である確率を考える. これは，$(n+r)$ 回実験を行ったときに成功が n 回，失敗が r 回で，$(n+r)$ 回目が成功である確率に等しく，

$$_{n+r-1}\mathrm{C}_r\,(1-p)^r p^n \quad (r=0,1,2,\ldots)$$

である．ただし，$_k\mathrm{C}_0 = 1 \quad (k=0,1,2,\ldots)$ とする．

> **定義**　p は $0<p<1$ をみたす実数とし，n を自然数とする．このとき，離散型確率変数 X が 0 以上の整数に値をもち，確率分布が
> $$P(X=r) = {}_{n+r-1}\mathrm{C}_r\,(1-p)^r p^n \quad (r=0,1,2,\ldots)$$
> によって与えられるとき，X は**負の二項分布**に従うという．

$n=1$ のとき，負の二項分布は幾何分布と一致する．また，$P(X=0)=p^n$ である．

命題 4.7　X が上の負の二項分布に従うとき，X の平均，分散，積率母関数は次で与えられる：
$$E[X] = \frac{n(1-p)}{p}, \quad V[X] = \frac{n(1-p)}{p^2},$$
$$M_X(t) = \left(\frac{p}{1-(1-p)e^t}\right)^n \quad (t < \log\frac{1}{1-p}).$$

証明は省略するが，命題 4.5 と比較してほしい．

(5)　超幾何分布

A, B の 2 種類の玉が入っている袋があり，玉の総数を N，A の個数を M とする．$n \leqq M$ かつ $n \leqq N-M$ として，袋から無作為に n 個選ぶ (元に戻すことなく n 個取り出す) とき，A を r 個取り出す確率は，次で与えられる：
$$\frac{{}_M\mathrm{C}_r \cdot {}_{N-M}\mathrm{C}_{n-r}}{{}_N\mathrm{C}_n}.$$

> **定義**　N, M, n を自然数とし，$N \geqq M$, $M \geqq n$, $N-M \geqq n$ をみたすとする．このとき，離散型確率変数 X が $\{0,1,2,\ldots,n\}$ に値をもち，確率分布が
> $$P(X=r) = \frac{{}_M\mathrm{C}_r \cdot {}_{N-M}\mathrm{C}_{n-r}}{{}_N\mathrm{C}_n} \quad (r=0,1,2,\ldots,n)$$
> によって与えられるとき，X は**超幾何分布**に従うという．

N, M が n に比べて大きいときは, 超幾何分布が二項分布 $B(n, p)$ $\left(p = \dfrac{M}{N}\right)$ によって近似されることを示す. このために, 上の超幾何分布の確率分布に対して,

$$\frac{{}_M\mathrm{C}_r \cdot {}_{N-M}\mathrm{C}_{n-r}}{{}_N\mathrm{C}_n} = \frac{M!}{(M-r)!\,r!}\frac{(N-M)!}{(N-M-(n-r))!\,(n-r)!}\frac{(N-n)!\,n!}{N!}$$

$$= {}_n\mathrm{C}_r\, M(M-1)\cdots(M-(r-1))$$

$$\times \frac{(N-M)(N-M-1)\cdots(N-M-(n-r-1))}{N(N-1)\cdots(N-(n-1))}$$

$$= {}_n\mathrm{C}_r\, \frac{M}{N}\frac{M-1}{N}\cdots\frac{M-(r-1)}{N}$$

$$\times \frac{N-M}{N}\frac{N-M-1}{N}\cdots\frac{N-M-(n-r-1)}{N}$$

$$\times \left(\frac{N^n}{N(N-1)\cdots(N-(n-1))}\right)$$

と変形する. N, M が n, r に比べて十分大きいとしているので,

$$\frac{M-i}{N} \fallingdotseq p \ (i = 0, 1, \ldots, n), \qquad \frac{N-M-j}{N} \fallingdotseq 1-p \ (j = 0, 1, \ldots, n)$$

と考えると,

$$\frac{{}_M\mathrm{C}_r \cdot {}_{N-M}\mathrm{C}_{n-r}}{{}_N\mathrm{C}_n} \fallingdotseq {}_n\mathrm{C}_r\, p^r (1-p)^{n-r}$$

が成り立つことがわかる. 世論調査を考えると, 有権者数 N と A 首相を支持する有権者数 M は, 調査する人数 (2000 人程度) に比べて大きい. 同じ人に 2 度以上調査することはないので世論調査は超幾何分布に基づいて考えるべきかもしれないが, このように二項分布で近似することができる.

命題 4.8 X を上の超幾何分布に従う確率変数とすると, X の平均, 分散は次で与えられる:

$$E[X] = \frac{nM}{N}, \quad V[X] = \frac{nM(N-M)(N-n)}{(N-1)N^2}.$$

証明は省略する.

§ 4.2　連続分布

(1)　一様分布

例3.3に述べた確率分布である.

定義　$a < b$ とする. 連続型確率変数 X の確率密度が

$$f(x) = \begin{cases} \dfrac{1}{b-a} & (a \leqq x \leqq b) \\ 0 & (x < a \text{ または } x > b) \end{cases}$$

によって与えられるとき, X は $[a,b]$ 上の**一様分布**に従うという.

確率密度を

$$f(x) = \begin{cases} \dfrac{1}{b-a} & (a \leqq x < b \text{ のとき}) \\ 0 & (x < a \text{ または } x \geqq b \text{ のとき}) \end{cases}$$

とすれば, 右端 b を含まない区間 $[a,b)$ 上の一様分布が定義される. $(a,b]$, (a,b) 上の一様分布も同様である. 固定した1点をとる確率は0だから, 本質的に同じである. データを四捨五入するときの誤差は, $[-0,5, 0,5)$, $[-0.05, 0.05)$ などの上の一様分布に従うと考えられる.

平均, 分散が, それぞれ $\dfrac{a+b}{2}$, $\dfrac{(b-a)^2}{12}$ であることは, 例3.5において示した.

一様分布は簡単なものであるが, 応用上重要である. 他の分布との関係について, 本節の最後を参照されたい.

(2)　指数分布

λ を正の定数とすると,

$$\int_0^\infty \lambda e^{-\lambda x} \, dx = 1$$

であり, 被積分関数 $f(x) = \lambda e^{-\lambda x}$ $(x \geqq 0)$ は確率分布を定める.

定義　正の定数 λ に対し，連続型確率変数 X の確率密度が

$$f(x) = \begin{cases} \lambda e^{-\lambda x} & (x \geqq 0) \\ 0 & (x < 0) \end{cases}$$

によって与えられるとき，X はパラメータ λ の**指数分布**に従うという．

　会社にかかる電話や店に訪れる客のように，時間の経過の中でランダムに起きる事象を考えると，その時間間隔は指数分布に従うとされることが多い．このことを見るために，ポアソン分布の導出と同様に指数分布を導出する．

　時間の経過に伴って，ある事象 A が起きたり起きなかったりしているとする．次の仮定をおく．

仮定 1. $h > 0$ が十分小なら時間区間 $[x, x+h]$ で A が起きる回数は高々 1 回であり，起きる確率は λ を正の定数，$\varepsilon(h)$ を $h \to 0$ のとき $\varepsilon(h) \to 0$ なる関数として $\lambda h(1 + \varepsilon(h))$ と書ける．

仮定 2. A が $[x, x+h]$ で起きるかどうかは，x 以前の A の起きた回数とは独立である．

　ある時刻で A が起きたとし，次に起きるまでの時間を X とする．X が確率密度 f をもつとすると，$h > 0$ に対して

$$P(x \leqq X \leqq x+h) = \int_x^{x+h} f(u)\,du$$

である．一方，事象 $x \leqq X \leqq x+h$ は，x までは A は起きず，$[x, x+h]$ で A が起きるという事象を表すので，2 つの仮定から

$$P(x \leqq X \leqq x+h) = P(X \geqq x) \cdot \lambda h(1 + \varepsilon(h))$$

$$= \int_x^\infty f(u)\,du \cdot \lambda h(1 + \varepsilon(h))$$

となる．したがって，確率密度 f は

$$\int_x^{x+h} f(u)\,du = \int_x^\infty f(u)\,du \cdot \lambda h(1 + \varepsilon(h))$$

をみたす．両辺を h で割って $h \to 0$ とすると，$f(x) = \lambda \int_x^\infty f(u)\,du$ となる．さらに，両辺を微分すると $f'(x) = -\lambda f(x)$ となり，$f(x) = Ce^{-\lambda x}$ （C は定数）となる．$\int_0^\infty f(x)\,dx = 1$ より，$C = \lambda$ である．

定理 4.9　X がパラメータ λ の指数分布に従うとき，X の平均，分散，積率母関数は次で与えられる：

$$E[X] = \frac{1}{\lambda}, \quad V[X] = \frac{1}{\lambda^2}, \quad M_X(t) = \frac{\lambda}{\lambda - t} \quad (t < \lambda).$$

この定理より，パラメータ λ の指数分布を平均 $\frac{1}{\lambda}$ の指数分布という．

証明は，例 3.6 と同様であるから，演習問題とする．

上の導出からもわかるように，指数分布は幾何分布の連続版である．無記憶性も次のように成り立つ．証明は演習問題とする．

命題 4.10　X が平均 $\frac{1}{\lambda}$ の指数分布に従うなら，任意の $s, u \geqq 0$ に対して，次が成り立つ：

$$P(X \geqq s + u \mid X \geqq s) = P(X \geqq u).$$

(3)　正規分布

正規分布はもっとも重要な確率分布である．ガウス (Gauss) 分布とも呼ばれ，釣り鐘型と呼ばれる確率密度のグラフを目にしたことのある読者もあると思われる．次は以前流通していた 10 マルク札 (ドイツ) である．右の人物はガウスで，左に正規分布の確率密度のグラフが見える．

　二項分布に従う確率変数を正規化すると，n が大きいときは正規分布で近似することができる．これは，確率論，統計学で必須の事項である．その他，サンプルをとったときのサンプル中のデータの平均値と真の平均との誤差は正規分布で近似されるとされ，そのため正規分布を誤差分布と呼ぶこともある．

　これらの基本となるのが，次章に述べる中心極限定理である．本節では，正規分布の定義と性質について述べる．

定義　$m \in \mathbf{R}$, $\sigma > 0$ に対して，確率密度 f が

$$f(x) = \frac{1}{\sqrt{2\pi}\sigma} e^{-\frac{(x-m)^2}{2\sigma^2}} \quad (x \in \mathbf{R})$$

によって与えられる連続分布を**正規分布**[3]といい，$N(m, \sigma^2)$ と表す．とくに，$N(0,1)$ を**標準正規分布**という．

　$N(m, \sigma^2)$ の確率密度 $y = f(x)$ は $x = m$ で最大値をとり，$x = m$ に関して対称，つまり $f(m-u) = f(m+u)$ $(u \in \mathbf{R})$ が成り立つ．また，$f''(m \pm \sigma) = 0$ となることが容易に確かめられるので，曲線 $y = f(x)$ が $x = m \pm \sigma$ において変曲点をもつことも容易にわかる．

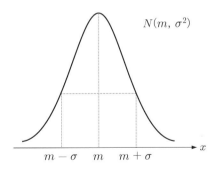

　m, σ という記号の使い方から予想されるように，次が成り立つ．

---

[3] 正規分布 (normal distribution).

定理 4.11 X が正規分布 $N(m, \sigma^2)$ に従うとき，X の半均，分散，積率母関数は次で与えられる：

$$E[X] = m, \quad V[X] = \sigma^2, \quad M_X(t) = e^{mt + \frac{\sigma^2 t^2}{2}}.$$

証明の前に，次に注意しておく．

注意 $a < b$ のとき，$t = \dfrac{x - m}{\sigma}$ によって置換積分を行うと

$$\int_a^b \frac{1}{\sqrt{2\pi}\sigma} e^{-\frac{(x-m)^2}{2\sigma^2}} \, dx = \int_{\frac{a-m}{\sigma}}^{\frac{b-m}{\sigma}} \frac{1}{\sqrt{2\pi}} e^{-\frac{t^2}{2}} \, dt \tag{4.2}$$

が成り立つことがわかる．つまり，一般の正規分布に関する確率は，標準正規分布に関する積分から求まる．

次に，確率密度としたガウス関数と呼ばれる関数の $\mathbf{R}$ 上の積分が 1 であることを確認しておく．このために，重積分を 2 通りに計算する．まず，

$$\iint_{\mathbf{R}^2} e^{-\frac{x^2+y^2}{2}} \, dxdy = \int_{-\infty}^{\infty} e^{-\frac{x^2}{2}} \, dx \int_{-\infty}^{\infty} e^{-\frac{y^2}{2}} \, dy = \left(\int_{\mathbf{R}} e^{-\frac{x^2}{2}} \, dx \right)^2$$

が成り立つ．一方，極座標 $x = r\cos\theta$，$y = r\sin\theta$ $(r \geqq 0,\ 0 \leqq \theta < 2\pi)$ に変数変換すると，

$$\iint_{\mathbf{R}^2} e^{-\frac{x^2+y^2}{2}} \, dxdy = \int_0^{\infty} \int_0^{2\pi} e^{-\frac{r^2}{2}} r \, drd\theta$$

$$= 2\pi \int_0^{\infty} e^{-\frac{r^2}{2}} r \, dr = 2\pi \int_0^{\infty} e^{-t} \, dt = 2\pi$$

となる．最後に $\dfrac{r^2}{2} = t$ により置換積分を行った．これらから，

$$\left(\int_{\mathbf{R}} e^{-\frac{x^2}{2}} \, dx \right)^2 = 2\pi,$$

となり，

$$\int_{-\infty}^{\infty} \frac{1}{\sqrt{2\pi}} e^{-\frac{x^2}{2}} \, dx = 1$$

となる．

【定理 4.11 の証明】 確率密度を $f(x)$ とする. 平均, 分散について示すべきことは,

$$\int_{-\infty}^{\infty} xf(x)\,dx = m, \qquad \int_{-\infty}^{\infty} (x-m)^2 f(x)\,dx = \sigma^2 \tag{4.3}$$

であり, これらの積分は置換積分, 部分積分により初等的に計算することができる.

ここでは, 積率母関数を求める. 計算すべきものは,

$$M_X(t) = \int_{-\infty}^{\infty} e^{tx} \frac{1}{\sqrt{2\pi}\sigma} e^{-\frac{(x-m)^2}{2\sigma^2}}\,dx$$

である. 右辺の被積分関数について, 指数の部分を平方完成すると

$$tx - \frac{(x-m)^2}{2\sigma^2} = -\frac{1}{2\sigma^2}\left(x - (m+\sigma^2 t)\right)^2 + mt + \frac{\sigma^2 t^2}{2}$$

となるから, 上の注意より

$$M_X(t) = \frac{1}{\sqrt{2\pi}} \int_{-\infty}^{\infty} e^{-\frac{(x-(m+\sigma^2 t))^2}{2\sigma^2}}\,dx \cdot e^{mt + \frac{\sigma^2 t^2}{2}} = e^{mt + \frac{\sigma^2 t^2}{2}}$$

となる.

平均, 分散については,

$$M_X'(t) = (m+\sigma^2 t)e^{mt + \frac{\sigma^2 t^2}{2}},$$

$$M_X''(t) = (m+\sigma^2 t)^2 e^{mt + \frac{\sigma^2 t^2}{2}} + \sigma^2 e^{mt + \frac{\sigma^2 t^2}{2}}$$

となるから, $t=0$ を代入して定理 3.4 を用いればよい. なお, キュムラント母関数を用いると (定理 3.5 参照), さらに容易である.

f の不定積分 (原始関数) を初等関数によって表示できないことが知られている. そこで, 標準正規分布に対して,

$$z \geqq 0 \text{ に対して} \quad I(z) := \int_0^z \frac{1}{\sqrt{2\pi}} e^{-\frac{t^2}{2}}\,dt \quad \text{の値を与える}$$

正規分布表と呼ばれる数表が作られている.

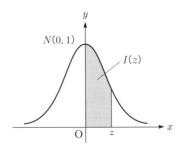

逆に $I(z)$ から z を求める数表もある．巻末の付表 2, 3 を参照されたい．

(4.2) に注意すると，一般の正規分布に対しても数表を用いることができる．

定理 4.12　連続型確率変数 X が正規分布 $N(m, \sigma^2)$ に従うならば，実数 p, q $(p \neq 0)$ に対して $Y = pX + q$ は $N(pm + q, p^2\sigma^2)$ に従う．とくに，X の正規化 $T = \dfrac{X - m}{\sigma}$ は標準正規分布 $N(0, 1)$ に従う．

【証明】　$p > 0$ であれば，示すべきことは

$$P(a \leqq Y \leqq b) = \int_a^b \frac{1}{\sqrt{2\pi}p\sigma} e^{-\frac{(y-(pm+q))^2}{2p^2\sigma^2}} \, dy$$

である．このために，仮定を用いて

$$P(a \leqq Y \leqq b) = P\left(\frac{a - q}{p} \leqq X \leqq \frac{b - q}{p}\right)$$

$$= \int_{\frac{a-q}{p}}^{\frac{b-q}{p}} \frac{1}{\sqrt{2\pi}\sigma} e^{-\frac{(x-m)^2}{2\sigma^2}} \, dx$$

と書く．ここで，$y = px + q$ によって置換積分を行うと，上の等式が得られる．

$p < 0$ のときも同様である (積分範囲が変わることに注意せよ)．

ここまでの結果を用いると，4 次のモーメントが容易に求まる．以下で用いるので，述べておく．

命題 4.13　T, X をそれぞれ正規分布 $N(0, 1)$，$N(m, \sigma^2)$ に従う確率変数とすると，$E[T^4] = 3$，$E[(X - m)^4] = 3\sigma^4$ が成り立つ．

【証明】　$M_T(t) = e^{\frac{1}{2}t^2}$ より，

$$M_T'(t) = tM_T(t), \qquad\qquad M_T''(t) = M_T(t) + t^2 M_T(t),$$

$$M_T'''(t) = 3tM_T(t) + t^3 M_T(t), \quad M_T^{(4)}(t) = 3M_T(t) + 6t^2 M_T(t) + t^4 M_T(t)$$

となる．したがって，$E[T^4] = M_T^{(4)}(0) = 3$ となる．

また，$\dfrac{X - m}{\sigma}$ は標準正規分布 $N(0, 1)$ に従うので，

$$E\left[\left(\frac{X - m}{\sigma}\right)^4\right] = \frac{1}{\sigma^4} E[(X - m)^4] = 3$$

となることから，第 2 の結論を得る．

問 4.5　(1) T を標準正規分布 $N(0,1)$ に従う確率変数とするとき，次の値を正規分布表から求めよ．

$$P(1 \leqq T \leqq 2),\ P(-0.5 \leqq T \leqq 1),\ P(T \geqq 1.5),\ P(T \leqq 1.5)$$

(2) X を正規分布 $N(2,4)$ に従う確率変数とするとき，次の値を求めよ．

$$P(4 \leqq X \leqq 6),\ P(1 \leqq X \leqq 4).$$

次の問は，正規分布の端の確率が 2 つわかると，平均，分散が求まることを示している．概算に便利である．

問 4.6　T, X をそれぞれ標準正規分布 $N(0,1)$，正規分布 $N(m,\sigma^2)$ に従う確率変数とする．
(i) $P(T \leqq a) = 0.1587$，$P(T \geqq b) = 0.2266$ である a, b の値を求めよ．
(ii) $P(X \leqq 38) = 0.1587$，$P(X \geqq 66) = 0.2266$ のとき，X の平均 m，標準偏差 σ の値を求めよ．

二項分布やポアソン分布と同様に，正規分布も再生性をもつ．

定理 4.14　X_1, X_2 を独立で，それぞれ正規分布 $N(m_1,\sigma_1{}^2)$, $N(m_2,\sigma_2{}^2)$ に従う確率変数とすると，$X_1 + X_2$ は正規分布 $N(m_1+m_2,\sigma_1{}^2+\sigma_2{}^2)$ に従う．

【証明】　$X_1 + X_2$ の積率母関数は，

$$E[e^{t(X_1+X_2)}] = E[e^{tX_1}]E[e^{tX_2}] = e^{m_1 t + \frac{\sigma_1{}^2 t^2}{2}} e^{m_2 t + \frac{\sigma_2{}^2 t^2}{2}}$$

$$= e^{(m_1+m_2)t + \frac{(\sigma_1{}^2+\sigma_2{}^2)t^2}{2}}$$

であり，正規分布 $N(m_1+m_2,\sigma_1{}^2+\sigma_2{}^2)$ の積率母関数である．

問 4.7　定理 3.13 を用いて定理 4.14 を証明せよ．

(4)　対数正規分布

X を正規分布 $N(m,\sigma^2)$ に従う確率変数とし，$Y = e^X$ とおく．Y の分布関数は，$y > 0$ に対して

$$P(Y \leqq y) - P(e^X \leqq y) = P(X \leqq \log y)$$

$$= \int_{-\infty}^{\log y} \frac{1}{\sqrt{2\pi}\sigma} e^{-\frac{(u-m)^2}{2\sigma^2}} \, du = \int_0^y \frac{1}{\sqrt{2\pi}\sigma} e^{-\frac{(\log x - m)^2}{2\sigma^2}} \frac{1}{x} \, dx$$

となる.

定義　$m \in \mathbf{R}, \sigma > 0$ とするとき, 確率密度が

$$f(x) = \frac{1}{\sqrt{2\pi}\sigma} \frac{1}{x} e^{-\frac{(\log x - m)^2}{2\sigma^2}} \qquad (x > 0)$$

によって与えられる確率分布を**対数正規分布**という.

対数正規分布は, 数理ファイナンスによく現れる.

上の対数正規分布の平均, 分散は, それぞれ $e^{m+\frac{\sigma^2}{2}}$, $e^{2m}(e^{2\sigma^2} - e^{\sigma^2})$ である.

(5)　ガンマ分布, ベータ分布

$p > 0$ に対して

$$\Gamma(p) = \int_0^\infty x^{p-1} e^{-x} \, dx \tag{4.4}$$

によって定義される関数 $\Gamma(p)$ を**ガンマ関数**という. 部分積分により,

$$\Gamma(p+1) = p\Gamma(p) \qquad (p > 0)$$

が成り立つことがわかる. とくに, $\Gamma(n+1) = n!$　$(n = 0, 1, 2, \ldots)$ である.

定義　確率密度が

$$f(x) = \begin{cases} \dfrac{1}{\Gamma(p)} x^{p-1} e^{-x} & (x \geqq 0) \\ 0 & (x < 0) \end{cases}$$

によって与えられる連続分布をパラメータ p の**ガンマ分布**という.

パラメータ $p = 1$ のガンマ分布は, 指数分布である.

$p, q > 0$ に対して,

$$B(p, q) = \int_0^1 x^{p-1} (1-x)^{q-1} \, dx \tag{4.5}$$

によって定義される関数 $B(p,q)$ を**ベータ関数**という.

定義 確率密度が

$$f(x) = \begin{cases} \dfrac{1}{B(p,q)} x^{p-1}(1-x)^{q-1} & (0 < x < 1) \\ 0 & (x \notin (0,1)) \end{cases}$$

によって与えられる連続分布をパラメータ p, q の**ベータ分布**という.

ガンマ分布, ベータ分布の関係, 他の確率分布との関係については, 章末の問題を参照されたい.

なお, ガンマ関数とベータ関数の間には,

$$B(p,q) = B(q,p) = \frac{\Gamma(p)\Gamma(q)}{\Gamma(p+q)} \tag{4.6}$$

という関係がある. (4.6) の証明は付録 (定理 A.1) に与える.

(6) コーシー分布

定義 $m \in \mathbf{R}$, $c > 0$ とするとき, 確率密度が

$$f(x) = \frac{c}{\pi} \frac{1}{(x-m)^2 + c^2} \quad (x \in \mathbf{R})$$

によって与えられる確率分布をパラメータ m, c をもつ**コーシー分布**という.

コーシー分布に対しては,

$$\int_0^\infty x \frac{1}{1+x^2}\, dx = \infty$$

であることから平均は存在しない.

ここで取り上げた連続分布の他にも, ワイブル分布, ロジスティック分布, パレート分布, 逆ガウス分布など応用上重要な確率分布があるが, 本書では扱わないので省略する.

カイ2乗分布, F 分布, t 分布などの正規分布から派生する, 統計学において重要な確率分布 (標本分布) については後で述べる (6 章参照).

確率変数の構成

　この節の最後に，一様分布に従う確率変数から任意の確率分布に従う確率変数が構成できることを示す．

　まず，連続分布の場合を述べる．確率密度が f である確率分布を考えて，簡単のため[4]，$f(x) > 0 \ (x \in \mathbf{R})$ と仮定する．このとき，分布関数

$$F(x) = \int_{-\infty}^{x} f(u) \, du$$

は x について単調増加関数であり，逆関数 $F^{-1} : (0,1) \to \mathbf{R}$ が存在する．

　ここで，T を $(0,1)$ 上の一様分布に従う確率変数として $X = F^{-1}(T)$ とおく．このとき，$P(T \leqq u) = u \ (0 < u < 1)$ より，

$$P(X \leqq x) = P(F^{-1}(T) \leqq x)$$
$$= P(T \leqq F(x)) = F(x)$$

が成り立つ．つまり，$X = F^{-1}(T)$ は確率密度 f をもつ確率変数である．

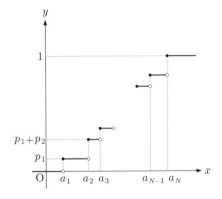

　離散分布 $\{(a_i, p_i)\}_{i=1}^{N}$ についても同様であるが，分布関数が不連続なので逆関数のとり方に注意が必要である．とり得る値の集合 $\{a_i\}$ が $a_1 < a_2 < \cdots < a_N$ をみたすとすると，分布関数は

$$F(x) = \sum_{\{i : a_i \leqq x\}} p_i$$

となる．そこで，$0 < u < 1$ なる u に対して，

$$\sum_{i=1}^{m} p_i \leqq u < \sum_{i=1}^{m+1} p_i \quad \text{のとき} \quad F^{-1}(u) = a_m$$

と逆関数を定義する[5]．ただし，$u \leqq 0$ に対しては $F^{-1}(0) = 0$ とする．$Y = F^{-1}(T)$ とおくと，$x \in \mathbf{R}$ に対して $a_r \leqq x < a_{r+1}$ をみたす整数 r をとれば

---

　[4] 一般の確率分布に対しては，次の離散分布の場合のように，逆関数のとり方を工夫する．
　[5] F^{-1} は右連続関数である．

$$P(Y \leqq x) = P(F^{-1}(T) \leqq x) = P\Big(T \leqq \sum_{i=1}^{r} p_i\Big) = \sum_{i=1}^{r} p_i = F(x)$$

が成り立つので，Y は与えられた離散分布に従う確率変数である．

　これらのことを用いると，計算機に $(0,1)$ 上の一様乱数 $T_1, T_2, \ldots$ を発生させれば，任意の分布関数 F に対して F を分布関数とする乱数 $F^{-1}(T_1)$, $F^{-1}(T_2), \ldots$ が得られる．

§ 4.3   多次元確率分布

　$\mathbf{R}^n$ 上の離散分布と連続分布の例を 1 つずつ挙げる．

(1)   多項分布

　二項分布はある特定の事象が起きるかどうかを見て起きる回数を問題とするが，世論調査などに見られるどの政党を支持するかという質問やテレビ番組の視聴率調査のように選択肢がいくつかある場合もある．このようなときに現れるのが多項分布である．

　1 つの試行を n 回独立に繰り返すとする．試行の結果は，$A_1, A_2, \ldots, A_k$ のいずれかであるとし，A_i の起きる確率を p_i $(p_1 + p_2 + \cdots + p_k = 1)$ とする．このとき，A_i の起きる回数を X_i とすると，$r_i \in \{0,1,2,\ldots,n\}$ が $r_1 + r_2 + \cdots + r_k = n$ をみたすとき，次が成り立つ：

$$P(X_1 = r_1, X_2 = r_2, \ldots, X_k = r_k)$$
$$= {}_n\mathrm{C}_{r_1} \cdot {}_{n-r_1}\mathrm{C}_{r_2} \cdots {}_{n-r_1-\cdots-r_{k-1}}\mathrm{C}_{r_k} \; p_1^{r_1} p_2^{r_2} \cdots p_k^{r_k} \tag{4.7}$$
$$= \frac{n!}{r_1! r_2! \cdots r_k!} \; p_1^{r_1} p_2^{r_2} \cdots p_k^{r_k}.$$

> **定義**　$r_1 + r_2 + \cdots + r_k = n$ をみたす非負の整数の組 $r_1, r_2, \ldots, r_k$ に対して，${}^t(r_1, r_2, \ldots, r_k)$ という形の $\mathbf{R}^k$ の点に値をもつ確率ベクトル $\boldsymbol{X} = {}^t(X_1, X_2, \ldots, X_k)$ の確率分布が (4.7) で与えられるとき，$\boldsymbol{X}$ は**多項分布**に従うという[6]．

---

[6] $\mathbf{R}^k$ 上の点，ベクトルは縦ベクトルの形で書く．${}^t(x_1, x_2, \ldots, x_k)$ は縦ベクトルを，横ベクトルの転置という形で書いたものである．

1つの成分，たとえば X_1 に注目して，A_1 が起きるかどうかを考えるのが二項分布である．上の場合，X_1 は二項分布 $B(n, p_1)$ に従う，つまり

$$P(X_1 = r) = {}_n\mathrm{C}_r \, p_1^r (1 - p_1)^{n-r}$$

が成り立つ．$k = 2$, A_2 が A_1 の余事象の場合と考えてもよい．

(2) 多次元正規分布

多変量解析の基礎になる確率分布である．説明のため，線形代数の用語と結果を準備する．

n 次実正方行列 $V = (v_{ij})_{i,j=1,2,\ldots,n}$ が対称行列であるとは，すべての i, j に対して $v_{ij} = v_{ji}$ が成り立つことである．実対称行列の固有値はすべて実数である．

また，n 次対称行列 V が (狭義) 正定値であるとは，すべての $\boldsymbol{x} \in \mathbf{R}^n$ $(\boldsymbol{x} \neq 0)$ に対して

$$\langle \boldsymbol{x}, V\boldsymbol{x} \rangle > 0$$

が成り立つことである．ただし，$\langle \boldsymbol{x}, \boldsymbol{y} \rangle$ は $\boldsymbol{x}, \boldsymbol{y} \in \mathbf{R}^n$ の通常の内積である．

実対称行列 V が正定値であれば，V の固有値はすべて正であり，V の行列式も正である．さらに，このとき V は逆行列 V^{-1} をもつ．

定義　V を n 次正定値行列とし，$\boldsymbol{m} \in \mathbf{R}^n$ とする．$\mathbf{R}^n$ 値連続型確率ベクトル $\boldsymbol{X}$ の確率密度が，

$$f(\boldsymbol{x}) = f(x_1, x_2, \ldots, x_n)$$
$$= \frac{1}{(2\pi)^{n/2}(\det V)^{1/2}} e^{-\frac{1}{2}\langle \boldsymbol{x}-\boldsymbol{m}, V^{-1}(\boldsymbol{x}-\boldsymbol{m}) \rangle}$$

によって与えられるとき，$\boldsymbol{X}$ は n 次元正規分布 $N_n(\boldsymbol{m}, V)$ に従うという．

次は 2 次元正規分布の確率密度のグラフである．

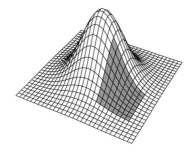

定理 4.15　$\boldsymbol{X} = {}^t(X_1, X_2, \ldots, X_n)$ を n 次元正規分布 $N_n(\boldsymbol{m}, V)$ に従う確率ベクトルとすると，各成分の平均，共分散，積率母関数は次で与えられる：

$$E[X_i] = m_i, \quad V[X_i] = v_{ii}, \quad \mathrm{Cov}\,(X_i, X_j) = v_{ij},$$

$$M_{\boldsymbol{X}}(\boldsymbol{t}) := E[e^{\langle \boldsymbol{t}, \boldsymbol{X} \rangle}] = e^{\langle \boldsymbol{m}, \boldsymbol{t} \rangle + \frac{1}{2}\langle \boldsymbol{t}, V\boldsymbol{t} \rangle} \quad (\boldsymbol{t} \in \mathbf{R}^n).$$

$\boldsymbol{m}$ が $\boldsymbol{X}$ の平均ベクトルであり，V が共分散行列である．

定理の証明は，$N_n(\boldsymbol{m}, V)$ の確率密度の $\mathbf{R}^n$ 上の積分が 1 であることの証明と合わせて，付録で行う．対称行列の対角化の議論が必要である．

次は，定理 4.14 (正規分布の再生性) の一般化である．

定理 4.16　$\boldsymbol{X}$ を n 次元正規分布 $N_n(\boldsymbol{m}, V)$ に従う確率ベクトル，$\ell \leqq n$，B を (ℓ, n) 次行列とし，B の階数が ℓ であると仮定する．このとき，$B\boldsymbol{X}$ は ℓ 次元正規分布 $N_\ell(B\boldsymbol{m}, BV\,{}^tB)$ に従う．

【証明】　V が狭義正定値だから，すべての $\boldsymbol{t}' \in \mathbf{R}^\ell$ $(\boldsymbol{t}' \neq 0)$ に対して，

$$\langle \boldsymbol{t}', BV\,{}^tB\boldsymbol{t}' \rangle = \langle {}^tB\boldsymbol{t}', V\,{}^tB\boldsymbol{t}' \rangle > 0$$

である．したがって，(ℓ, ℓ) 行列 $BV\,{}^tB$ は狭義正定値である．

$B\boldsymbol{X}$ の積率母関数は，$\boldsymbol{t}' \in \mathbf{R}^\ell$ に対して

$$M_{B\boldsymbol{X}}(\boldsymbol{t}') = E[e^{\langle \boldsymbol{t}', B\boldsymbol{X} \rangle}] = E[e^{\langle {}^tB\boldsymbol{t}', \boldsymbol{X} \rangle}]$$

と書かれる．したがって，定理 4.15 より

$$M_{B\boldsymbol{X}}(\boldsymbol{t}') = M_X({}^tB\boldsymbol{t}') = e^{\langle \boldsymbol{m}, {}^tB\boldsymbol{t}' \rangle + \frac{1}{2}\langle {}^tB\boldsymbol{t}', V\,{}^tB\boldsymbol{t}' \rangle} = e^{\langle B\boldsymbol{m}, \boldsymbol{t}' \rangle + \frac{1}{2}\langle \boldsymbol{t}', BV\,{}^tB\boldsymbol{t}' \rangle}$$

となる．これは，$B\boldsymbol{X}$ が正規分布 $N_\ell(B\boldsymbol{m}, BV\,{}^tB)$ に従うことを意味する．　∎

定理 4.15 から，次の正規分布に特有の事実が得られる．

定理 4.17 $\begin{pmatrix} X \\ Y \end{pmatrix}$ を 2 次元正規分布に従う確率ベクトルとする. このとき, 共分散 $\mathrm{Cov}\,(X,Y)$ が 0 であれば, X と Y は独立である.

注意　一般に, X と Y が独立であれば $\mathrm{Cov}\,(X,Y)=0$ であることは命題 3.16 で述べた. しかし, 一般に逆は成り立たない. 章末問題 3.6 参照.

【証明】　$\boldsymbol{x}=(x_1,x_2)$, $\boldsymbol{m}=(m_1,m_2)$ として, $\begin{pmatrix} X \\ Y \end{pmatrix}$ の確率密度を

$$f(x_1,x_2)=\frac{1}{2\pi(\det V)^{1/2}}e^{-\frac{1}{2}\langle \boldsymbol{x}-\boldsymbol{m},V^{-1}(\boldsymbol{x}-\boldsymbol{m})\rangle}$$

とする. 仮定より, 定理 4.15 を用いると, 2 次対称行列 V は対角行列で,

$$V=\begin{pmatrix} \sigma^2 & 0 \\ 0 & \tau^2 \end{pmatrix} \quad (\sigma,\tau>0)$$

という形である. よって, $\det V=\sigma^2\tau^2$ であり,

$$f(x_1,x_2)=\frac{1}{2\pi\sigma\tau}e^{-\frac{1}{2}\left(\frac{(x_1-m_1)^2}{\sigma^2}+\frac{(x_2-m_2)^2}{\tau^2}\right)}$$

$$=\frac{1}{\sqrt{2\pi}\sigma}e^{-\frac{(x_1-m_1)^2}{2\sigma^2}}\cdot\frac{1}{\sqrt{2\pi}\tau}e^{-\frac{(x_2-m_2)^2}{2\tau^2}}$$

となる. したがって, X,Y の同時分布の確率密度 $f(x_1,x_2)$ が 2 つの 1 次元正規分布の確率密度の積になっているので, X と Y は独立である.

◆◆章末問題 4 ◆◆

4.1 二項分布 $B(n,p)$ の平均, 分散を, それらの定義に基づいて求めよ.

4.2 パラメータ (平均) λ のポアソン分布の積率母関数を求めよ.

4.3 正規分布 $N(m,\sigma^2)$ の平均, 分散を (4.3) により求めよ.

4.4 正規分布 $N(m,\sigma^2)$ の確率密度が, $x=m\pm\sigma$ において変曲点をもつことを示せ.

4.5 T が標準正規分布に従う確率変数とするとき, $\frac{1}{2}T^2$ の確率分布は何か.

4.6 パラメータ p のガンマ分布の平均と分散を求めよ.

4.7 パラメータ $\frac{1}{2},\frac{1}{2}$ のベータ分布の分布関数を求めよ.

4.8 S_n を二項分布 $B(n,p)$ に従う確率変数, X をパラメータ $r+1, n-r$ のベータ分布に従う確率変数とするとき, $r = 0, 1, 2, \ldots, n-1$ に対し $P(S_n \leqq r) = P(X \geqq p)$ が成り立つことを示せ.

4.9 独立な確率変数 Z_p, Z_q が, それぞれパラメータ p, q のガンマ分布に従うとする.

(1) $Z_p + Z_q$ の積率母関数が, パラメータ $p+q$ のガンマ分布の積率母関数と一致することを示せ ($Z_p + Z_q$ はパラメータ $p+q$ のガンマ分布に従う).

(2) $\dfrac{Z_p}{Z_p + Z_q}$ の積率母関数が, パラメータ p, q のベータ分布の積率母関数と一致することを示せ $\left(\dfrac{Z_p}{Z_p + Z_q}$ は, パラメータ p, q のベータ分布に従う $\right)$.

4.10 コーシー分布の分布関数を求めよ.

4.11 X をパラメータ $0, 1$ をもつコーシー分布に従う確率変数とすると, その逆数 X^{-1} も同じパラメータをもつコーシー分布に従うことを示せ.

4.12 X, Y を独立で, ともに二項分布 $B(n,p)$ に従う確率変数とするとき, 条件 $X + Y = N$ のときの $X = r$ の条件つき確率を求めよ (超幾何分布になる).

4.13 X, Y が独立で, それぞれ平均 λ_1, λ_2 のポアソン分布に従うとき, 条件 $X + Y = n$ のもとでの $X = r$ の条件つき確率を求めよ.

4.14 標準正規分布の確率密度を $\varphi(x)$ とするとき, 次を示せ:

$$\left(\frac{1}{x} - \frac{1}{x^3} \right) \varphi(x) < \int_x^\infty \varphi(u)\, du < \frac{1}{x} \varphi(x) \quad (x > 1).$$

5

独立確率変数列，極限定理

　独立で同じ確率分布に従う確率変数列の算術平均を考えて，その確率変数の数を大きくするときの挙動を考えるのが極限定理である．算術平均が真の平均に収束することを表す定理が大数の法則であり，算術平均を正規化して得られる確率変数の確率分布が標準正規分布に収束することを表すのが中心極限定理である．この章では，極限定理の基本であるこれら 2 つの定理に関して述べ，独立で同じ確率分布に従う確率変数列を大きさの順に並べてできる順序統計量に関して述べる．

§ 5.1　大数の法則

　偏りのないサイコロを独立に n 回ふるときの 6 の回数を S_n とする．S_n は二項分布 $B\left(n, \dfrac{1}{6}\right)$ に従う確率変数であり，$\dfrac{1}{n}S_n$ は n 回中の 6 の割合を表す．n が十分大きいとき，$\dfrac{1}{n}S_n$ が $\dfrac{1}{6}$ に近いと考えるのは自然であろう．このことを数学的に示す定理が，大数の法則である．

　世論調査においても類似のことがある．新聞社は，通常 2000 人程度を対象に，首相の支持率や政策に賛成する人の割合を調べている．目的は有権者全体の中での割合を知ることで，この値が調査結果と近いと考えて結果を公表している．なお，全体での割合は (時点を決めると) 定数だが正確な値はわからないとして，誤差を考えるのが統計の議論の出発点である．

　以下この章では，$X_1, X_2, \ldots, X_n, \ldots$ を独立で同じ確率分布に従う確率変数列であるとし，その確率分布の平均，分散を m, σ^2 とする：

$$E[X_i] = m, \quad V[X_i] = \sigma^2 \quad (i = 1, 2, \ldots).$$

また, $X_1, X_2, \ldots, X_n$ の和を S_n, 算術平均 (標本平均ともいう) を $\overline{X}_n$ と書く:

$$S_n = X_1 + X_2 + \cdots + X_n, \qquad \overline{X}_n = \frac{X_1 + X_2 + \cdots + X_n}{n}.$$

S_n または $\overline{X}_n$ の $n \to \infty$ としたときの挙動を考えるのが極限定理であり, 次が基本である.

定理 5.1 [大数の法則]　任意の $\varepsilon > 0$ に対して次が成り立つ:

$$\lim_{n \to \infty} P(|\overline{X}_n - m| \geqq \varepsilon) = 0. \tag{5.1}$$

ある試行を独立に n 回繰り返すとき, 特定の事象 A が起きる回数を S_n とする. S_n は二項分布に従う確率変数であるが, $X_1, X_2, \ldots, X_n$ を

$$X_i = \begin{cases} 1 & (i \text{ 回目に } A \text{ が起きたとき}) \\ 0 & (i \text{ 回目に } A \text{ が起きなかったとき}) \end{cases}$$

と定義すると, $S_n = X_1 + X_2 + \cdots + X_n$ であり, n 回中の A が起きる割合 $\frac{1}{n} S_n$ に対して定理 5.1 を適用できる. A の起きる確率を p とすると

$$E[X_i] = 1 \times p + 0 \times (1 - p) = p$$

であることに注意すると, 次が得られる.

系 5.2　S_n を二項分布 $B(n, p)$ に従う確率変数とし, $p_n = \frac{1}{n} S_n$ とおく. このとき, 任意の $\varepsilon > 0$ に対して

$$\lim_{n \to \infty} P(|p_n - p| \geqq \varepsilon) = 0$$

が成り立つ.

定理 5.1, 系 5.2 の意味での算術平均の真の平均への収束を**確率収束**という. さらに強い, 直感的にも理解しやすい形の収束,

　　　　確率 1 で $\overline{X}_n$ は m に $(p_n$ は p に) 収束する

という主張が成り立ち, **大数の強法則**と呼ばれる.

大数の法則は, n を固定して, $|X_n - m| \geqq \varepsilon$ が起きる確率を評価すること

によって証明される．一方，大数の強法則を正確に述べるためには試行を無限回繰り返すことを表す確率空間を考える必要があり，主張から測度論が不可欠である．したがって，本書では，大数の強法則にこれ以上触れることは避けるが，主張は理解してほしい．

大数の法則の証明は比較的容易で，$\overline{X}_n$ の分散が $\dfrac{1}{n}\sigma^2$ であり，$n \to \infty$ のとき 0 に収束することを示せばチェビシェフの不等式から得られる．

命題 5.3　定理 5.1 の記号，仮定のもとで，$S_n = X_1 + X_2 + \cdots + X_n$ とおくと，次が成り立つ：

$$E[S_n] = nm, \quad V[S_n] = n\sigma^2,$$

$$E[\overline{X}_n] = m, \quad V[\overline{X}_n] = \frac{\sigma^2}{n}.$$

【証明】　平均については容易なので，分散に関する主張のみ示す．そのために定理 3.11 を用いてもよいが，重要なことなので，ここで改めて計算する．

n 項の和に対する公式

$$(a_1 + a_2 + \cdots + a_n)^2 = \sum_{i=1}^{n} a_i^2 + 2\sum_{i<j} a_i a_j$$

より，

$$V[S_n] = E[(S_n - nm)^2] = E\Big[\Big\{\sum_{i=1}^{n}(X_i - m)\Big\}^2\Big]$$

$$= E\Big[\sum_{i=1}^{n}(X_i - m)^2 + 2\sum_{i<j}(X_i - m)(X_j - m)\Big]$$

$$= \sum_{i=1}^{n} E[(X_i - m)^2] + 2\sum_{i<j} E[(X_i - m)(X_j - m)]$$

が成り立つ．$i < j$ ならば，$X_i - m$ と $X_j - m$ は独立で平均は 0 だから

$$E[(X_i - m)(X_j - m)] = E[X_i - m]E[X_j - m] = 0$$

である．したがって，$V[S_n] = n\sigma^2$ を得る．

$\overline{X}_n$ の分散は，

$$V[\overline{X}_n] = E[(\overline{X}_n - m)^2] = E\Big[\Big(\frac{1}{n}S_n - m\Big)^2\Big] = \frac{1}{n^2}E[(S_n - nm)^2]$$

$$= \frac{1}{n^2}V[S_n] = \frac{1}{n}\sigma^2$$

となり，結論を得る．

【定理 5.1 の証明】　チェビシェフの不等式 (定理 3.2) より,

$$P(|\overline{X}_n - m| \geqq \varepsilon) \leqq \frac{1}{\varepsilon^2} V[\overline{X}_n] = \frac{\sigma^2}{n\varepsilon^2}$$

が成り立つので, $n \to \infty$ として結論を得る[1].

大数の法則の応用を 2 つ挙げる.

ワイエルシュトラスの多項式近似

f を $[0,1]$ 上の連続関数とするとき, f を一様に近似する多項式が存在することを示す.

定理 5.4 [ワイエルシュトラスの多項式近似]　f を $[0,1]$ 上の連続関数とする. このとき, 任意の $\varepsilon > 0$ に対して

$$|f(x) - Q(x)| < \varepsilon \quad (0 \leqq x \leqq 1)$$

をみたす多項式 Q が存在する.

【証明】　ベルンシュタインの多項式と呼ばれる n 次多項式 Q_n $(n = 1, 2, \ldots)$ を

$$Q_n(x) = \sum_{k=0}^{n} {}_n\mathrm{C}_k \, x^k (1-x)^{n-k} f\left(\frac{k}{n}\right)$$

によって定義する. n を十分大きくとると, Q_n が定理の条件をみたすことを示す.

仮定から, $|x' - x''| < \delta$ ならば $|f(x') - f(x'')| < \dfrac{\varepsilon}{2}$ が成り立つような $\delta > 0$ が存在する (f の一様連続性). また, f は有界な関数だから, $|f(x)| \leqq M$ をみたす M が存在する.

$x \in [0,1]$ を任意にとり, $\left|x - \dfrac{k}{n}\right| < \delta$ をみたす $k \in \{0, 1, 2, \ldots, n\}$ の全体を G_1, それ以外の k の集合を G_2 とする. そして, 二項定理より

$$\sum_{k=0}^{n} {}_n\mathrm{C}_k \, x^k (1-x)^{n-k} = 1$$

が成り立つことに注意して, $f(x) - Q_n(x)$ を

---

[1] $P(|\overline{X}_n - m| \geqq \varepsilon)$ は指数減少する. つまり $P(|\overline{X}_n - m| \geqq \varepsilon) \leqq C_1 e^{-C_2 n}$ をみたす正の定数 C_1, C_2 が存在することが大偏差原理として知られている. 章末問題 5.3 参照.

$$f(x) - Q_n(x) = \sum_{k=0}^{n} {}_n C_k\, x^k (1-x)^{n-k} \Big(f(x) - f\Big(\frac{k}{n}\Big) \Big) = \Sigma_1(n) + \Sigma_2(n),$$

と2つにわける．ただし，

$$\Sigma_1(n) = \sum_{k \in G_1} {}_n C_k\, x^k (1-x)^{n-k} \Big(f(x) - f\Big(\frac{k}{n}\Big) \Big),$$

$$\Sigma_2(n) = \sum_{k \in G_2} {}_n C_k\, x^k (1-x)^{n-k} \Big(f(x) - f\Big(\frac{k}{n}\Big) \Big)$$

である．

$\Sigma_1(n)$ に対しては，

$$|\Sigma_1(n)| \leqq \sum_{k \in G_1} {}_n C_k\, x^k (1-x)^{n-k} \Big| f(x) - f\Big(\frac{k}{n}\Big) \Big|$$

$$< \frac{\varepsilon}{2} \sum_{k \in G_1} {}_n C_k\, x^k (1-x)^{n-k}$$

$$\leqq \frac{\varepsilon}{2} \sum_{k=0}^{n} {}_n C_k\, x^k (1-x)^{n-k} = \frac{\varepsilon}{2}$$

が成り立つ．また，$\Sigma_2(n)$ に対しては，すべての x, k に対して

$$\Big| f(x) - f\Big(\frac{k}{n}\Big) \Big| \leqq |f(x)| + \Big| f\Big(\frac{k}{n}\Big) \Big| \leqq 2M$$

が成り立つことより，

$$|\Sigma_2(n)| \leqq 2M \sum_{k \in G_2} {}_n C_k\, x^k (1-x)^{n-k}$$

が成り立つ．

$|\Sigma_2(n)|$ の評価に大数の法則を用いる．このために，S_n を二項分布 $B(n, x)$ に従う確率変数とする．すると，

$$\sum_{k \in G_2} {}_n C_k\, x^k (1-x)^{n-k} = \sum_{k \in G_2} P(S_n = k) = P\Big(\Big| \frac{S_n}{n} - x \Big| \geqq \delta \Big)$$

である．大数の法則 (系5.2) より $n \to \infty$ のときこの確率は 0 に収束する．よって，十分大きい n に対して $|\Sigma_2(n)| \leqq \dfrac{\varepsilon}{2}$ が成り立つ．

$\Sigma_1(n), \Sigma_2(n)$ に対する評価を合わせて，$|f(x) - Q_n(x)| < \varepsilon$ となる．

モンテカルロ法

f を区間 $[0,1]$ 上の $0 \leqq f(x) \leqq 1$ $(0 \leqq x \leqq 1)$ をみたす連続関数とするとき，定積分 $\displaystyle\int_0^1 f(x)\,dx$ を乱数を用いて求める方法を述べる．$[0,1]$ で考えるのは簡単のためであり，一般の区間，関数への拡張は容易である．

$X_1, Y_1, X_2, Y_2, \ldots$ を $[0,1]$ 上の一様分布に従う独立確率変数列とし，独立で同じ確率分布に従う確率変数列 $Z_1, Z_2, \ldots$ を

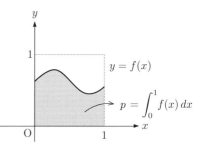

$$Z_i = \begin{cases} 1 & (Y_i \leqq f(X_i) \text{ のとき}) \\ 0 & (Y_i > f(X_i) \text{ のとき}) \end{cases}$$

によって定義する．このとき，$Z_i = 1$ の確率 p は

$$p = P(Z_n = 1) = \int_0^1 f(x)\,dx$$

となる．正方形 $[0,1] \times [0,1]$ の中の 1 点 (X_i, Y_i) をランダムにとることを想像するとよい．

したがって，大数の法則を用いると，

$$\overline{Z}_n = \frac{Z_1 + Z_2 + \cdots + Z_n}{n} \to p = \int_0^1 f(x)\,dx$$

が成り立つ．そして，コンピュータに一様乱数を発生させて，算術平均 $\overline{Z}_n$ に対する数値実験を行うと，定積分 $\displaystyle\int_0^1 f(x)\,dx$ の近似値を求めることができる．

このように，決定論的な問題の近似値を乱数を用いた数値計算によって求める方法を**モンテカルロ法**という．低次元の定積分に対する数値計算には種々の手法が知られているが，数値計算の容易でない高次元の重積分に対しても原理はここに述べたものと同じで，モンテカルロ法が有効である．

なお，もっと直接的に，$U_i = f(X_i)$ を考えることもできて，$E[U_i] = p$ であり

$$V[U_i] \leqq V[Z_i] \tag{5.2}$$

が成り立つ (章末問題 5.2 参照)．

§5.2   中心極限定理

$X_1, X_2, \ldots, X_n, \ldots$ を独立で同じ確率分布に従う確率変数列とする．算術平均

$$\overline{X}_n = \frac{1}{n} S_n, \quad \text{ただし } S_n = \sum_{i=1}^{n} X_i$$

が $n \to \infty$ のとき真の (数学的な) 平均 $E[X_i]$ に収束することを示すのが，前節に述べた大数の法則である．

大数の法則で重要なことは，$\overline{X}_n$ の分散が，$V[X_i] = \sigma^2$ とすると

$$V[\overline{X}_n] = \frac{\sigma^2}{n}$$

となり，$n \to \infty$ のとき $V[\overline{X}_n] \to 0$ となることであった．しかし，これは $\overline{X}_n$ の分布は標準偏差 $\dfrac{\sigma}{\sqrt{n}}$ 程度の広がりをもつともいえる．$\sqrt{10000} = 100$ であることから想像できるように，$\dfrac{\sigma}{\sqrt{n}}$ の 0 への収束は早いとはいえない．

したがって，場合によっては $\overline{X}_n$ の分散を考慮する必要がある．このためには $\overline{X}_n$ を正規化すればよく，$E[X_i] = m$ とし

$$T_n = \frac{\overline{X}_n - m}{\sqrt{\frac{\sigma^2}{n}}} = \frac{S_n - nm}{\sqrt{n\sigma^2}} \tag{5.3}$$

とおく．T_n は平均 0，分散 1 をもつ確率変数である．

T_n の確率分布が，もとの X_i の確率分布が何であっても，$n \to \infty$ のとき標準正規分布に収束することを示すのが中心極限定理である．

定理 5.5 [中心極限定理] $X_1, X_2, \ldots, X_n, \ldots$ を独立で同じ確率分布に従う確率変数列とし，その平均，分散をそれぞれ m, σ^2 とする．このとき，(5.3) で与えられる確率変数 T_n の確率分布は $n \to \infty$ のとき標準正規分布 $N(0,1)$ に収束する．とくに，$a \leqq b$ であれば

$$\lim_{n \to \infty} P(a \leqq T_n \leqq b) = \int_a^b \frac{1}{\sqrt{2\pi}} e^{-\frac{x^2}{2}} \, dx$$

が成り立つ．

　確率分布の収束については，3章同様確率論の教科書を参照されたい[2]. 中心極限定理は，まず確率分布の収束と特性関数の収束の同値性を示し，仮定のもとでの T_n の特性関数の収束を示すことによって証明するのが標準的である. 本書では省略する.

　次の強い仮定のもとでの積率母関数の収束を示す命題は，特性関数の収束と本質的に同じであり，この命題からも正規分布の現れる必然性が理解される.

命題 5.6　　定理 5.5 の仮定に加えて，任意の $t \in \mathbf{R}$ に対して X_i の積率母関数 $E[e^{tX_i}]$ が定義されると仮定する[3]. このとき，任意の $t \in \mathbf{R}$ に対し，T_n の積率母関数 $E[e^{tT_n}]$ は $n \to \infty$ のとき標準正規分布の積率母関数 $e^{\frac{t^2}{2}}$ に収束する.

【証明】　$T_n = \sum_{i=1}^{n} \dfrac{X_i - m}{\sqrt{n\sigma^2}}$ に注意する. X_i の独立性, 同分布性より

$$E[e^{tT_n}] = E\Big[\exp\Big(t\sum_{i=1}^{n} \frac{X_i - m}{\sqrt{n\sigma^2}}\Big)\Big] = E\Big[\exp\Big(\frac{t}{\sqrt{n\sigma^2}} \sum_{i=1}^{n}(X_i - m)\Big)\Big]$$

$$= \prod_{i=1}^{n} E\Big[e^{\frac{t}{\sqrt{n\sigma^2}}(X_i - m)}\Big] = \Big\{E\Big[e^{\frac{t}{\sqrt{n\sigma^2}}(X_1 - m)}\Big]\Big\}^n = \Big(\varphi\Big(\frac{t}{\sqrt{n\sigma^2}}\Big)\Big)^n$$

が成り立つ. ただし, $\varphi(t) = E[e^{t(X_1 - m)}]$ とおいた. φ に対して

$$\varphi(0) = 1, \quad \varphi'(0) = E[X_1 - m] = 0, \quad \varphi''(0) = E[(X_1 - m)^2] = \sigma^2$$

が成り立つことに注意すると, テーラーの定理より,

$$\varphi\Big(\frac{t}{\sqrt{n\sigma^2}}\Big) = 1 + \frac{1}{2}\Big(\frac{t}{\sqrt{n\sigma^2}}\Big)^2 \varphi''(\xi)$$

をみたす ξ $(|\xi| < \dfrac{|t|}{\sqrt{n\sigma^2}})$ が存在することがわかる. したがって,

$$E[e^{tT_n}] = \Big(\varphi\Big(\frac{t}{\sqrt{n\sigma^2}}\Big)\Big)^n = \Big(1 + \frac{t^2}{2n\sigma^2} \varphi''(\xi)\Big)^n$$

であり, $n \to \infty$ のとき $\xi \to 0$, $\varphi''(\xi) \to \sigma^2$ となるので次が成り立つ:

$$E[e^{tT_n}] \to e^{\frac{t^2}{2}} \quad (n \to \infty).$$

---

[2] たとえば, 舟木直久著『確率論』(朝倉書店) 参照.
[3] t の関数として無限回微分可能になることが証明される.

ド・モワブル–ラプラスの定理

$X_1, X_2, \ldots, X_n, \ldots$ を $\{0, 1\}$ に値をもつ独立で同じ確率分布に従う確率変数列とする．$P(X_i = 1) = p \ (0 < p < 1)$ とおくと，$S_n = \sum_{i=1}^{n} X_i$ が二項分布 $B(n, p)$ に従うこと，$E[S_n] = np$，$V[S_n] = np(1 - p)$ であることは前節にも述べた．

したがって，定理 5.5 を用いると，次が得られる．

定理 5.7 [ド・モワブル–ラプラスの定理]　　S_n を二項分布 $B(n, p)$ に従う確率変数とするとき，その正規化 T_n，

$$T_n = \frac{S_n - np}{\sqrt{np(1 - p)}}$$

の確率分布は $n \to \infty$ のとき標準正規分布に収束する．

$P(S_n = r) = {}_n\mathrm{C}_r\, p^r (1 - p)^{n - r}$ の右辺に**スターリングの公式**

$$\lim_{n \to \infty} \frac{n!}{\sqrt{2\pi n}\, n^n e^{-n}} = 1$$

を適用すると，

$$P(S_n = r) = \frac{1}{\sqrt{2\pi np(1 - p)}}\, e^{-\frac{(r - np)^2}{2np(1 - p)}} (1 + o(1))$$

を証明することができる．ただし，$o(1)$ は $n \to \infty$ のとき 0 に収束する量を表す．このことから初等的に定理 5.7 を証明することができる[4]．

n がそれほど大きくないときは，二項分布の確率を計算機により求めて，ド・モワブル–ラプラスの定理を用いた場合と比較することができる．

例 5.1　　偏りのないサイコロを 50 回独立にふるときの 6 の回数を S_{50} とする．$P(7 \leqq S_{50} \leqq 11)$ を，

(1) 二項分布の定義通りに，

(2) ド・モワブル–ラプラスの定理を用いて，

求める．

---

[4] たとえば，前出の舟木直久著『確率論』参照．

まず，二項分布によって計算すると (付表 1 参照)，

$$P(7 \leqq S_{50} \leqq 11) = \sum_{r=7}^{11} {}_{50}\mathrm{C}_r \left(\frac{1}{6}\right)^r \left(1 - \frac{1}{6}\right)^{50-r}$$

$$\fallingdotseq 0.141 + 0.151 + 0.141 + 0.116 + 0.084 = 0.632$$

となる．

一方，ド・モワブル-ラプラスの定理を用いる場合は，離散分布を連続分布で近似するので求める確率を $P(6.5 \leqq S_{50} \leqq 11.5)$ と考えれば，

$$P(7 \leqq S_{50} \leqq 11)$$

$$= P\left(\frac{6.5 - \frac{50}{6}}{\sqrt{50(\frac{1}{6})(\frac{5}{6})}} \leqq \frac{S_{50} - \frac{50}{6}}{\sqrt{50(\frac{1}{6})(\frac{5}{6})}} \leqq \frac{11.5 - \frac{50}{6}}{\sqrt{50(\frac{1}{6})(\frac{5}{6})}} \right)$$

$$\fallingdotseq P\left(-0.70 \leqq \frac{S_{50} - \frac{50}{6}}{\sqrt{50(\frac{1}{6})(\frac{5}{6})}} \leqq 1.20 \right)$$

$$\fallingdotseq 0.258 + 0.385 = 0.643$$

となる．ただし，最後に正規分布表 I (付表 2) を用いた．

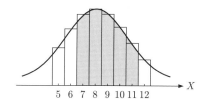

問 5.1 八面体サイコロを 50 回ふったときの 8 の回数を S_{50} とする．

(1) $P(7 \leqq S_{50} \leqq 12)$, $P(S_{50} \leqq 6)$ を二項分布表 (付表 1) から求め，その結果を利用して $P(S_{50} \geqq 13)$ を求めよ．

(2) ド・モワブル-ラプラスの定理を用いることによって，$P(7 \leqq S_{50} \leqq 12)$, $P(S_{50} \leqq 6)$ を求めよ．

ランダムウォークからブラウン運動へ

$X_1, X_2, \ldots, X_n, \ldots$ を $\{1, -1\}$ に値をもつ独立で同じ確率分布に従う確率変数列とし，$P(X_i = 1) = P(X_i = -1) = \dfrac{1}{2}$ と仮定する．このとき，$\{S_n\}_{n=0}^{\infty}$ を，$n = 0$ のとき $S_0 = 0$,

$$S_n = X_1 + X_2 + \cdots + X_n \quad (n \geqq 1)$$

によって定義し，1 次元**単純ランダムウォーク**という．単位時間ごとに硬貨を投げて，表が出たら 1 進み，裏であれば逆方向に 1 進むというランダムな運動を想像してほしい．n を時間パラメータと考えて，$\{S_n\}_{n=0}^{\infty}$ のような時間の経過に伴ってランダムに動く運動を**確率過程**という．

X_i の平均，分散は，$E[X_i] = 0, \quad V[X_i] = 1$ であるから，中心極限定理 (定理 5.5) より，$\dfrac{1}{\sqrt{n}} S_n$ の確率分布は標準正規分布に収束する．

さらに，$t > 0$ に対して，

$$B_n(t) = \begin{cases} \dfrac{1}{\sqrt{n}} S_k & \left(t = \dfrac{k}{n}\right) \\ \dfrac{1}{\sqrt{n}}\left(S_k + \left(t - \dfrac{k}{n}\right) n X_{k+1}\right) & \left(\dfrac{k}{n} \leqq t \leqq \dfrac{k+1}{n}\right) \end{cases}, k = 0, 1, 2, \ldots$$

とおく．時間が $\dfrac{1}{n}$ 経過するごとに硬貨を投げ，1 回の移動の長さを $\dfrac{1}{\sqrt{n}}$ としたランダムウォークを，t の関数と考えるように折れ線でつないだものである．

$t = 1$ のときは，$B_n(1) = \dfrac{1}{\sqrt{n}} S_n$ であり，確率分布が $n \to \infty$ とすると標準正規分布に収束することは上に述べた．同様に，すべての $t \geqq 0$ に対して $B_n(t)$ の確率分布は分散 t の正規分布 $N(0, t)$ に収束する．このようにして，$B_n(t)$ の $n \to \infty$ とした極限として得られる連続な時間パラメータ t をもつ確率過程が，よく知られた**ウィナー過程**である．**ブラウン運動**とも呼ばれる．

ウィナー過程は，古くから多くの分野に応用をもつもっとも基本的な確率過程である．最近では数理ファイナンスにおいて株価変動の数学モデルを作るために用いられる．$t = 1$ までに，長さ $\dfrac{1}{\sqrt{n}}$ の移動を n 回繰り返すのだから，移動の総計 (軌道の長さ) は $\sqrt{n}$ である．これから，ウィナー過程の軌道が滑らかな曲線にはならないことが予想され実際に証明できる．

§5.3 順序統計量[5]

X, Y を独立な確率変数とし，U, V をそれぞれ X, Y の大きい方，小さい方とする：

$$U = \max\{X, Y\}, \quad V = \min\{X, Y\}.$$

U については，事象 $\{U \leqq x\}$ が $\{X \leqq x$ かつ $Y \leqq x\}$ という事象であることに注意すると，U の分布関数を X, Y の分布関数を用いて表すことができる：

$$P(U \leqq x) = P(X \leqq x \text{ かつ } Y \leqq x) = P(X \leqq x)P(Y \leqq x).$$

V に対しては，事象 $\{V > x\}$ を考える．この事象は $\{X > x$ かつ $Y > x\}$ という事象のことだから，

$$P(V > x) = P(X > x)P(Y > x)$$

となり，V の分布関数も

$$P(V \leqq x) = 1 - \{1 - P(X \leqq x)\}\{1 - P(Y \leqq x)\}$$

と X, Y の分布関数を用いて書くことができる．

問 5.2 X, Y をともにパラメータ p の幾何分布に従う独立な確率変数とするとき，$V = \min\{X, Y\}$ の分布関数を求めよ．

問 5.3 X, Y をともに $[0, 1]$ 上の一様分布に従う独立な確率変数とする．このとき，$U = \max\{X, Y\}$，$V = \min\{X, Y\}$ の分布関数，平均，分散を求めよ．

一般に，$X_1, X_2, \ldots, X_n$ を n 個の独立で同じ確率分布に従う確率変数列とするとき，これを大きさの順に並べ替えてできる確率変数列を

$$X_{(1)}, X_{(2)}, \ldots, X_{(n)} \qquad (X_{(1)} < X_{(2)} < \cdots < X_{(n)})$$

と書いて，**順序統計量**という．標本の範囲の大きさ $X_{(n)} - X_{(1)}$ や標本中央値（メディアン）など，順序統計量の関数として表される統計量は多い．

本節では，各順序統計量 $X_{(i)}$ の分布関数，確率密度を与える．最小値 $X_{(1)}$，最大値 $X_{(n)}$ については，上に述べた $n = 2$ の場合と同様に次がわかる．

---

[5] 本書では次章以降では触れないので，飛ばして先に進んでも構わない．問題として興味深いし，アクチュアリ試験の必須事項である．

命題 5.8   (1) 確率変数 X_i の分布関数を $F(x) = P(X_i \leqq x)$ とすると，$X_{(1)}, X_{(n)}$ の分布関数はそれぞれ次で与えられる：

$$P(X_{(1)} \leqq x) = 1 - (1 - F(x))^n, \qquad P(X_{(n)} \leqq x) = F(x)^n. \tag{5.4}$$

(2) X_i が連続な確率密度 $f(x)$ をもつ連続型確率変数のとき，$X_{(1)}, X_{(n)}$ は確率密度がそれぞれ

$$f_{(1)}(x) = n(1 - F(x))^{n-1} f(x), \qquad f_{(n)}(x) = n F(x)^{n-1} f(x)$$

によって与えられる連続型確率変数である．

【証明】 (1)「$X_{(1)} > x$」が「すべての i に対して $X_i > x$ であること」と同値であり，「$X_{(n)} < x$」が「すべての i に対して $X_i < x$ であること」と同値であることから従う．

(2) (5.4) の両辺を x で微分すればよい．

一般の $k = 2, 3, \ldots, n-1$ に対して $X_{(k)}$ の確率分布を求める．このために，$X_1, X_2, \ldots, X_n$ の中で x 以下であるものの個数を S とすると，事象 $\{X_{(k)} \leqq x\}$ が $\{S \geqq k\}$ と書けることに注意する．$\{S = r\}$ は $X_1, X_2, \ldots, X_n$ の中の r 個が x 以下で，残りの $n - r$ 個が x より大であることを意味し，$p = F(x)$ とおくと S は二項分布 $B(n, p)$ に従う確率変数である．したがって，

$$P(X_{(k)} \leqq x) = \sum_{r=k}^{n} P(S = r) = \sum_{r=k}^{n} {}_n\mathrm{C}_r\, p^r (1 - p)^{n-r} \tag{5.5}$$

となる．つまり，$X_{(k)}$ の分布関数は次で与えられる：

$$P(X_{(k)} \leqq x) = \sum_{r=k}^{n} {}_n\mathrm{C}_r\, F(x)^r (1 - F(x))^{n-r}.$$

さらに，次を得る．

定理 5.9 X_i が連続な確率密度 $f(x)$ をもつ連続型確率変数であるとすると，$X_{(k)}$ $(k = 1, 2, \ldots, n)$ は確率密度が

$$f_{(k)}(x) = k\, {}_n\mathrm{C}_k\, F(x)^{k-1} (1 - F(x))^{n-k} f(x)$$

によって与えられる連続型確率変数である．

【証明】　$k = 1, n$ のときは命題 5.8 (2) で示した．以下では，$2 \leqq k \leqq n-1$ とする．(5.5) を

$$P(X_{(k)} \leqq x) = \sum_{r=k}^{n} P(S = r) = \sum_{r=k}^{n-1} {}_n\mathrm{C}_r \, F(x)^r (1 - F(x))^{n-r} + F(x)^n$$

と書き直して，両辺を x で微分すると

$$f_{(k)}(x) = \sum_{r=k}^{n-1} \frac{n!}{r!\,(n-r)!} \{ rF(x)^{r-1}(1-F(x))^{n-r}$$
$$- (n-r)F(x)^r (1-F(x))^{n-r-1} \} f(x) + nF(x)^{n-1}f(x)$$
$$= n! \sum_{r=k}^{n-1} \left\{ \frac{F(x)^{r-1}(1-F(x))^{n-r}}{(r-1)!\,(n-r)!} - \frac{F(x)^r(1-F(x))^{n-r-1}}{r!\,(n-r-1)!} \right\} f(x)$$
$$+ nF(x)^{n-1}f(x)$$

となる．右辺の和は，打ち消しあいにより

$$\sum_{r=k}^{n-1} \left\{ \frac{F(x)^{r-1}(1-F(x))^{n-r}}{(r-1)!\,(n-r)!} - \frac{F(x)^r(1-F(x))^{n-r-1}}{r!\,(n-r-1)!} \right\}$$
$$= \frac{F(x)^{k-1}(1-F(x))^{n-k}}{(k-1)!\,(n-k)!} - \frac{F(x)^{n-1}}{(n-1)!}$$

となるので，

$$f_{(k)}(x) = \frac{n!}{(k-1)!\,(n-k)!} F(x)^{k-1}(1-F(x))^{n-k}f(x)$$
$$= k \, {}_n\mathrm{C}_k \, F(x)^{k-1}(1-F(x))^{n-k}f(x)$$

となる．　∎

問 5.4　$X_1, X_2, \ldots, X_n$ をそれぞれパラメータ 1 の指数分布に従う，独立同分布な確率変数列とし，その順序統計量を $X_{(1)}, X_{(2)}, \ldots, X_{(n)}$ とする．$X_{(k)}$ の確率密度を求めよ．

◆◆章末問題 5 ◆◆

5.1 $X_1, X_2, \ldots, X_n$ を，それぞれパラメータ 1 の指数分布に従う独立な確率変数列とすると，$X_1 + X_2 + \cdots + X_n$ はパラメータ n のガンマ分布に従うことを示せ.

5.2 (5.2) を示せ.

5.3 S_n を二項分布 $B(n, p)$ に従う確率変数とする.

(1) $\varepsilon > 0$ が $\varepsilon < p$, $\varepsilon < 1 - p$ をみたすとすると，任意の $t > 0$ に対して，

$$P\Big(\frac{1}{n}S_n \geqq p + \varepsilon\Big) \leqq E\Big[e^{t(S_n - n(p+\varepsilon))}\Big]$$

が成り立つことを，マルコフの不等式を用いて示せ.

(2) (1) の右辺を求めることにより，任意の $t > 0$ に対して

$$P\Big(\frac{1}{n}S_n \geqq p + \varepsilon\Big) \leqq e^{-ng(t)}, \qquad g(t) = t(p + \varepsilon) - \log\left(1 - p + pe^t\right)$$

が成り立つことを示せ.

(3) 関数 $g(t)$ の最大値が

$$\max_{t>0} g(t) = (p + \varepsilon) \log\Big(\frac{p + \varepsilon}{p}\Big) + (1 - p - \varepsilon) \log\Big(\frac{1 - p - \varepsilon}{1 - p}\Big)$$

によって与えられ，これを $h_+(\varepsilon, p)$ と書くと，$h_+(\varepsilon, p) > 0$ であり

$$P\Big(\frac{1}{n}S_n \geqq p + \varepsilon\Big) \leqq e^{-nh_+(\varepsilon, p)}$$

が成り立つことを示せ.

5.4 S_n を二項分布 $B(n, p)$ に従う確率変数とするとき，

$$\lim_{n \to \infty} E\Big[e^{t\frac{S_n - np}{\sqrt{np(1-p)}}}\Big] = e^{\frac{t^2}{2}}$$

が任意の $t \in \mathbf{R}$ に対して成り立つことを示せ.

5.5 (1) X を正規分布 $N(m, \sigma^2)$ に従う確率変数とするとき，$P(|X - m| \geqq c\sigma) = 0.05$ となる定数 c の値を求めよ.

(2) S_n を二項分布 $B\Big(n, \dfrac{1}{6}\Big)$ に従う確率変数とするとき，

$$P\Big(\Big|\frac{1}{n}S_n - \frac{1}{6}\Big| < \frac{1}{100}\Big) = 0.95$$

となるような n の範囲をド・モワブル-ラプラスの定理を用いて求めよ.

5.6 $X_1, X_2, \ldots, X_n$ をそれぞれ $[0, 1]$ 上の一様分布に従う，独立同分布な確率変数列とし，その順序統計量を $X_{(1)}, X_{(2)}, \ldots, X_{(n)}$ とする.

(1) $X_{(k)}$ の確率密度を求めよ. この確率分布は何か.

(2) $nX_{(k)}$ の確率密度が $n \to \infty$ のとき，ガンマ分布の確率密度に収束することを示せ．

5.7 $X_1, X_2, \ldots, X_n, \ldots$ をそれぞれ平均 λ の指数分布に従う，独立同分布な確率変数列とし，$X_{(n)} = \max\{X_1, X_2, \ldots, X_n\}$ とおく．このとき，

$$\lim_{n \to \infty} P\left(\frac{X_{(n)} - \lambda \log n}{\lambda} < x\right) = \exp\left(-e^{-x}\right)$$

がすべての $x \in \mathbf{R}$ に対して成り立つことを示せ．（注．分布関数が $\exp\left(-e^{-x}\right)$ によって与えられる $\mathbf{R}$ 上の確率分布をガンベル分布と呼ぶ．）

5.8 $X_1, X_2, \ldots, X_n$ をそれぞれ分布関数 F，連続な確率密度 f をもつ確率分布に従う独立同分布な確率変数列とし，その順序統計量を $X_{(1)}, X_{(2)}, \ldots, X_{(n)}$ とする．

(1) $(X_{(1)}, X_{(n)})$ の同時分布の確率密度を f と F を用いて表せ．

(2) $r < n$ のとき，$(X_{(1)}, X_{(2)}, \ldots, X_{(r)})$ の同時分布の確率密度を f と F を用いて表せ．

5.9 $X_1, X_2, \ldots, X_n, \ldots$ をそれぞれ $[0, 1]$ 上の一様分布に従う，独立同分布な確率変数列とし，$S_n = X_1 + X_2 + \cdots + X_n$ とおく．このとき，確率変数 N を $N = \min\{n \geqq 1 \,;\, S_n \geqq 1\}$ で定義する．

(1) $t > 0$ に対して $P(S_n < t) = \dfrac{t^n}{n!}$ であることを示せ．

(2) $P(N \geqq n) = \dfrac{1}{(n-1)!}$，$E[N] = e$ であることを示せ．

5.10 $X_1, X_2, \ldots, X_n, \ldots$ をそれぞれパラメータ 1 の指数分布に従う，独立な確率変数列とする．

(1) $S_n = X_1 + X_2 + \cdots + X_n$ の平均，分散がともに n であることを示せ．

(2) 中心極限定理を用いて，

$$P\left(\left|\frac{S_n}{n} - 1\right| \leqq \frac{1}{10}\right) \geqq 0.95$$

をみたす n の範囲を求めよ．

5.11 $X_1, X_2, \ldots, X_n, \ldots$ をそれぞれパラメータ 1 の指数分布に従う独立同分布な確率変数列とし，$T > 0$ に対して

$$N(T) = \max\{n \,;\, X_1 + X_2 + \cdots + X_n \leqq T\}$$

とおく．ただし，$X_1 > T$ のときは $N(T) = 0$ とする．

(1) $P(N(T) = 0)$, $P(N(T) = 1)$ を求めよ．

(2) $P(N(T) = r) = e^{-T} \dfrac{T^r}{r!}$ $(r = 0, 1, 2, \ldots)$，つまり $N(T)$ が平均 T のポアソン分布に従うことを示せ．

標本，標本分布

統計をとってその性質を調べる対象を母集団という．母集団の部分集合の比率や平均，分散などの推定とこれらの値の変化や相違の検定が統計学の第一歩である．このためには，正規分布から派生する確率分布であるカイ2乗分布やF分布，t分布を用意する必要がある．この章では，統計学の議論を行うための準備を行う．

§ 6.1　母集団，標本調査

各新聞社やテレビ局は，世論調査によって内閣支持率を調べている．この目的は，国民または有権者全体の中での内閣支持率を知ることである．これは時点を決めるとある値であるが，限られた時間内に全員を調査することは不可能なので，1000人〜3000人を選んで調べた結果を発表しているのである．

テレビの視聴率調査についても同様であり，関東地区など各地区から600軒程度を選んで調査した結果が各番組の視聴率として発表されている．この場合知りたいのは，各地区全体における番組の視聴率である．

多くの数を調査することによって得られた調査結果が知りたい真の値に近いことは，大数の法則の帰結と考えてよいであろう．しかし，全体の数と調査する数は比較にならないほど違い，調査対象によって結果は異なること，言い換えると結果には誤差が含まれていることを忘れてはいけない．

この場合の誤差についての考え方，大きさの計算方法については§7.3で述べる．新聞社，視聴率の調査会社，さらには内閣府は，見積もるべき誤差の大きさについてホームページなどで明記している．

次に，自動車など工場の製品について考えてみる．たとえば，各車種の燃費については説明書などに書かれている．自動車のような複雑な機械だから，そ

の値はおおむね同じであっても誤差があり, 1台1台異なると考えられる. 同じことが2本並列に使用する蛍光灯についても見られる. まったく同じ種類の蛍光灯であっても, 同時に寿命がくることはない. これらは, 製造過程における微小な誤差が積み重なったことによると考えられる.

したがって, これらについて知りたいことは値の散らばりということになる. とくに, その散らばりの平均と分散が重要である. すべての製品を調べることは不可能だから, いくつかの製品を調べて, その調査結果から全体の散らばりを推測することになる.

これらの例のように, われわれが知りたい値の散らばりをもつものの全体を**母集団**という. 世論調査であれば国民 (有権者) 全体, ある番組の関東地区の視聴率であれば関東地区の全世帯であり, 工場の製品であれば (調査以降に製造されるものも含めた) 製品全体である. 母集団から抽出して調査する母集団の一部を**標本**, 標本を抽出して調べることを**標本調査**, 標本の個数を**大きさ**という.

母集団は無限個の要素からなるとする. これは, 国民全体など数が実際に大きいこともあるが, 工場の製品は作り続けると考えると自然であろう.

世論調査やテレビの視聴率のように, 標本に対する調査結果が二者択一の場合は, 各標本は値が0または1の確率変数と考える. これは, 公平でない硬貨を投げることと類似している.

自動車の燃費であれば, 標本の燃費はある確率分布に従う確率変数と考える. この確率分布が知りたい値の散らばりを表し, **母集団分布**と呼ばれる.

標本は通常無作為に抽出する. たとえば, 世論調査や視聴率調査においてある年齢以上の人を多く選ぶならば, 結果は信頼できるものではないであろう. このことを考慮して**無作為標本**という呼び方をする.

母集団から無作為に抽出した標本を $X_1, X_2, \ldots, X_n$ と書くと, これらは互いに独立で, それぞれ母集団分布に従う確率変数列である. したがって, この無作為標本は前節で扱った確率変数列と同じものである. ただし, 前章では確率変数の確率分布はわかっているとして議論したが, 次章以降では確率分布 (母集団分布) は未知として議論をする.

§ 6.2　母数

統計の目的は，母集団から抽出した標本から母集団の特性を知る (知ろうとする) ことである．世論調査であれば有権者中の内閣支持率，工場の製品を誤差を含めて考える場合であれば散らばりの中心である全体の平均や散らばりの広さを表す分散が考察の対象である．母集団分布の平均，分散をそれぞれ**母平均，母分散**という．

工場の製品や人の身長，体重などを考える場合は，母集団分布が正規分布であることを仮定することが多い[1]．正規分布は平均と分散から定まる確率分布であり，母平均，母分散を m, σ^2 と書くとき，母集団は**正規母集団** $N(m, \sigma^2)$ であるという．

世論調査の場合の有権者全体の中での内閣支持率のように，母集団の中である特性をもつものの割合を**母比率**という．母集団がある特性をもつものとそうでないものに分かれていると考えるとき，母集団を**二項母集団**という．

母平均，母分散，母比率などの母集団の特性を表す量を**母数**という．

一方，母集団から大きさ n の無作為標本 $X_1, X_2, \ldots, X_n$ を抽出したとき，これらの算術平均

$$\overline{X}_n = \frac{X_1 + X_2 + \cdots + X_n}{n} = \frac{1}{n} \sum_{i=1}^{n} X_i$$

を**標本平均**という．また，

$$s^2 = \frac{1}{n} \sum_{i=1}^{n} (X_i - \overline{X}_n)^2, \qquad u^2 = \frac{1}{n-1} \sum_{i=1}^{n} (X_i - \overline{X}_n)^2$$

をそれぞれ**標本分散，不偏分散**という[2]．これらのように，標本から計算される量を一般に**統計量**という．

母数は定数と考えるが，正確な値は未知である．そもそも母数を知ることが統計の目的である．一方，標本は母集団分布に従う確率変数列であり，そこから計算される統計量も確率変数である．調査後に得られる内閣支持率などは確率変数の実現値と考えられる．

---

[1] 本節の最後の部分を参照されたい．
[2] u^2 は奇異に思われるかもしれないが，u^2 を考える理由は後述する．u^2 の方を標本分散と呼ぶこともある．

　簡単なモデルを考える．偏りのあるサイコロがあり，6 の出る確率を知りたいとする．6 の確率 p が母数であり，p を知るために n 回サイコロをふることが標本調査である．標本 X_i は，i 回目に 6 が出れば 1 で，そうでなければ 0 と定義される確率変数であり，

$$P(X_i = 1) = p, \quad P(X_i = 0) = 1 - p$$

である．n 回中の 6 の回数 $S_n = \displaystyle\sum_{i=1}^{n} X_i$ が考えるべき統計量で，S_n は二項分布 $B(n, p)$ に従う．実際に何回かふって得られる 6 の割合 (S_n の実現値を n で割って得られる具体的な数値) が，世論調査であれば新聞紙上などで目にする内閣支持率に相当する．このようなデータから母数に対する推測をすることが統計の目的である．

　本書では，母集団は正規母集団または二項母集団のどちらかであるとして，推定，検定の理論の概要を述べる．

　正規母集団を扱うときの基本は，次の定理である．

定理 6.1　$X_1, X_2, \ldots, X_n$ を正規母集団 $N(m, \sigma^2)$ からの大きさ n の無作為標本とすると，標本平均 $\overline{X}_n$ は正規分布 $N\left(m, \dfrac{\sigma^2}{n}\right)$ に従う．したがって，$\overline{X}_n$ を正規化した $\overline{T}_n = \dfrac{\overline{X}_n - m}{\sqrt{\dfrac{\sigma^2}{n}}}$ は標準正規分布に従う．

【証明】　定理 4.14 を用いると，$X_1 + X_2 + \cdots + X_n$ が正規分布 $N(nm, n\sigma^2)$ に従うことがわかる．よって，定理 4.12 を用いれば結論を得る．∎

　自動車の燃費のような工場の製品の特性量が $\mathbf{R}$ 上の確率分布である正規分布に従うという仮定は，奇異に感じられるかもしれない．しかし，統計学を用いる際に興味があるのは個々の標本の値ではなく標本全体の散らばりであり，興味の中心は標本平均である．さらに，中心極限定理 (定理 5.5) によると，n が大きいならば標本平均 $\overline{X}_n$ は分散が小さい正規分布 $N\left(m, \dfrac{\sigma^2}{n}\right)$ に従うと考えてよい．これらのことと上の定理 6.1 から，正規母集団を考えるのである．

§6.3　カイ2乗分布

正規母集団に対する母平均，母分散に関する推定，検定の理論が統計学の基本である．標本平均については，前節の定理6.1を用いると議論ができる場合もあるが，母分散 σ^2 の値が未知の場合は用いることができない．

標本分散を扱うためには準備が必要であり，これが本節と次節の目的である．本章の残りの部分では，少し複雑な数学が必要であるが，証明の細部にはこだわらず，主張の意味を第一に理解してほしい．証明を追うことよりも，数表を使うことが大切である．

次の確率分布 (連続分布) が基本である．

定義　k を自然数とするとき，確率密度が

$$f_k(x) = \begin{cases} 0 & (x \leqq 0) \\[2mm] \dfrac{1}{2^{\frac{k}{2}} \Gamma(\frac{k}{2})} x^{\frac{k-2}{2}} e^{-\frac{x}{2}} & (x > 0) \end{cases}$$

によって与えられる連続分布を**自由度 k のカイ2乗分布**という．ただし，$\Gamma(y)$ $(y > 0)$ はガンマ関数 ((4.4) 参照) である．

この確率分布の重要性は，自由度ということばの意味と合わせて，次から理解される．

定理 6.2　$Z_1, Z_2, \ldots, Z_k$ を独立で，それぞれ標準正規分布 $N(0,1)$ に従う確率変数列とする．このとき，

$$\chi^2 = \sum_{i=1}^{k} (Z_i)^2 \tag{6.1}$$

の確率分布は自由度 k のカイ2乗分布である．

(6.1) の左辺は，分散を σ^2 と書くのと同じ習慣に従っている．カイ2乗分布に従う確率変数は右辺の形に表現されていると考えてよい．

【証明】　積率母関数の一致を示す (定理 3.6). まず, $t < \dfrac{1}{2}$ に対して,

$$M_{(Z_i)^2}(t) = E[e^{t(Z_i)^2}] = \int_{-\infty}^{\infty} e^{tx^2} \frac{1}{\sqrt{2\pi}} e^{-\frac{x^2}{2}} \, dx$$

$$= \int_{-\infty}^{\infty} \frac{1}{\sqrt{2\pi}} e^{-\frac{1-2t}{2}x^2} \, dx = (1-2t)^{-\frac{1}{2}} \quad (i = 1, 2, \ldots, k)$$

が成り立つ. よって, 確率変数 χ^2 の積率母関数は次で与えられる:

$$M_{\chi^2}(t) = E[e^{t((Z_1)^2+(Z_2)^2+\cdots+(Z_k)^2)}] = \prod_{i=1}^{k} E[e^{t(Z_i)^2}] = (1-2t)^{-\frac{k}{2}}.$$

一方, f_k の定義から

$$\int_0^{\infty} e^{tx} f_k(x) \, dx = \frac{1}{2^{\frac{k}{2}} \Gamma(\frac{k}{2})} \int_0^{\infty} x^{\frac{k}{2}-1} e^{-\frac{1-2t}{2}x} \, dx$$

であり, $t < \dfrac{1}{2}$ とし $y = \dfrac{1-2t}{2} x$ とおいて置換積分を行うと, $\dfrac{1}{x} dx = \dfrac{1}{y} dy$ より

$$\int_0^{\infty} f_k(x) \, dx = \frac{1}{2^{\frac{k}{2}} \Gamma(\frac{k}{2})} \int_0^{\infty} \left(\frac{2}{1-2t} y \right)^{\frac{k}{2}} e^{-y} \frac{1}{y} \, dy$$

$$= (1-2t)^{-\frac{k}{2}} \frac{1}{\Gamma(\frac{k}{2})} \int_0^{\infty} y^{\frac{k}{2}-1} e^{-y} \, dy = (1-2t)^{-\frac{k}{2}}$$

となる.

したがって, 定理 3.6 より χ^2 は自由度 k のカイ2乗分布に従う. ∎

定理 6.2 の証明の中で次が得られた.

命題 6.3　自由度 k のカイ2乗分布に従う確率変数 X の積率母関数は, 次で与えられる:

$$M_X(t) = E[e^{tX}] = (1-2t)^{-\frac{k}{2}} \qquad \left(t < \frac{1}{2} \right).$$

χ^2 を自由度 k のカイ2乗分布に従う確率変数とするとき, 自由度 k と $\alpha \in (0,1)$ から

$$P(\chi^2 \geqq \chi_k(\alpha)^2) = \alpha$$

をみたす $\chi_k(\alpha)^2$ を与える数表 (付表 5) を後で用いる.

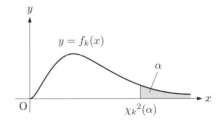

以下，本節では $X_1, X_2, \ldots, X_n$ を正規母集団 $N(m, \sigma^2)$ からの無作為標本とする．次は定理 6.2 から直ちに得られる．

系 6.4　統計量 $\displaystyle\sum_{i=1}^{n} \left(\frac{X_i - m}{\sigma}\right)^2$ は自由度 n のカイ 2 乗分布に従う．

次に，標本分散 s^2，不偏分散 u^2 を考える：

$$s^2 = \frac{1}{n} \sum_{i=1}^{n} (X_i - \overline{X}_n)^2, \qquad u^2 = \frac{1}{n-1} \sum_{i=1}^{n} (X_i - \overline{X}_n)^2.$$

定理 6.5　正規母集団 $N(m, \sigma^2)$ からの無作為標本 $X_1, X_2, \ldots, X_n$ に対し，統計量

$$\sum_{i=1}^{n} \left(\frac{X_i - \overline{X}_n}{\sigma}\right)^2 = \frac{ns^2}{\sigma^2} = \frac{(n-1)u^2}{\sigma^2}$$

の確率分布は，自由度 $k = n - 1$ のカイ 2 乗分布である．

確率変数列 $X_1 - \overline{X}_n, X_2 - \overline{X}_n, \ldots, X_n - \overline{X}_n$ に対して，束縛条件

$$\sum_{i=1}^{n} (X_i - \overline{X}_n) = 0$$

が成り立つ．直感的には，このために自由度が 1 減少すると考えてよい．

定理 6.5 の証明のために次に注意する．

補題 6.6　$X_1, X_2, \ldots, X_n$ を正規母集団 $N(m, \sigma^2)$ からの無作為標本とすると，各 i に対して，$X_i - \overline{X}_n$ と $\overline{X}_n$ は互いに独立である．

【証明】　$i = 1$ としてよい．$X_1 - \overline{X}_n$ と $\overline{X}_n$ の共分散は

$$\begin{aligned}
\mathrm{Cov}\,(X_1 - \overline{X}_n, \overline{X}_n) &= E[(X_1 - \overline{X}_n)(\overline{X}_n - m)] \\
&= E[(X_1 - m)(\overline{X}_n - m) - (\overline{X}_n - m)^2] \\
&= E\left[(X_1 - m)\frac{1}{n}\sum_{i=1}^{n}(X_i - m)\right] - V[\overline{X}_n] \\
&= \frac{1}{n}V[X_1] + \frac{1}{n}\sum_{i=2}^{n}\mathrm{Cov}(X_1, X_i) - V[\overline{X}_n]
\end{aligned}$$

となる. 仮定から, $V[X_1] = \sigma^2$, $\mathrm{Cov}\,(X_1, X_i) = 0$ $(i \geqq 2)$ であり, $V[\overline{X}_n] = \dfrac{\sigma^2}{n}$ であることは前節で述べたので

$$\mathrm{Cov}\,(X_1 - \overline{X}_n, \overline{X}_n) = 0 \tag{6.2}$$

が成り立つ.

定理 4.16 より, $(X_1 - \overline{X}_n, \overline{X}_n)$ の確率分布は 2 次元正規分布であるから, (6.2) は $X_1 - \overline{X}_n$ と $\overline{X}_n$ の独立性を意味する (定理 4.17).

【定理 6.5 の証明】　$\displaystyle\sum_{i=1}^{n}(X_i - m)^2$ と $\displaystyle\sum_{i=1}^{n}(X_i - \overline{X}_n)^2$ の差を計算すると

$$\sum_{i=1}^{n}(X_i - m)^2 - \sum_{i=1}^{n}(X_i - \overline{X}_n)^2$$
$$= -2m\sum_{i=1}^{n}X_i + nm^2 + 2\overline{X}_n\sum_{i=1}^{n}X_i - n(\overline{X}_n)^2$$
$$= n(\overline{X}_n)^2 - 2mn\overline{X}_n + nm^2$$
$$= n(\overline{X}_n - m)^2$$

となる. したがって,

$$\sum_{i=1}^{n}\left(\frac{X_i - \overline{X}_n}{\sigma}\right)^2 + \left(\frac{\overline{X}_n - m}{\sqrt{\frac{\sigma^2}{n}}}\right)^2 = \sum_{i=1}^{n}\left(\frac{X_i - m}{\sigma}\right)^2$$

が成り立つ.

補題より, 左辺の 2 つの確率変数は独立である. 簡単のため, 左辺の第 1 項, 第 2 項 をそれぞれ S_1, S_2 と書くと, S_2 は自由度 1 のカイ 2 乗分布に従う. 右辺は系 6.4 より 自由度 n のカイ 2 乗分布に従うので, 両辺の積率母関数を考えると

$$M_{S_1}(t) \cdot (1 - 2t)^{-\frac{1}{2}} = (1 - 2t)^{-\frac{n}{2}} \qquad \left(t < \frac{1}{2}\right)$$

が成り立つ. よって,

$$M_{S_1}(t) = (1 - 2t)^{-\frac{n-1}{2}}$$

となり, 命題 6.3 より結論を得る.

§6.4　F 分布，t 分布

$X_1, X_2, \ldots, X_n$ を正規母集団 $N(m, \sigma^2)$ からの無作為標本とし，標本平均を $\overline{X}_n$ とする．$\overline{X}_n$ の確率分布は正規分布 $N\left(m, \dfrac{\sigma^2}{n}\right)$ であり，その正規化

$$\frac{\overline{X}_n - m}{\sqrt{\frac{\sigma^2}{n}}}$$

が標準正規分布に従うことは述べた (定理 6.1).

母分散 σ^2 の値が未知のときは，標本分散 s^2 または不偏分散 u^2,

$$s^2 = \frac{1}{n} \sum_{i=1}^{n} (X_i - \overline{X}_n)^2, \qquad u^2 = \frac{1}{n-1} \sum_{i=1}^{n} (X_i - \overline{X}_n)^2$$

を σ^2 の代わりに用いて，統計量

$$t = \frac{\overline{X}_n - m}{\sqrt{\frac{s^2}{n-1}}} = \frac{\overline{X}_n - m}{\sqrt{\frac{u^2}{n}}}$$

を考える．

分母も統計量であり，t の確率分布がどういうものかが問題となる．これはスチューデントにより求められ，t 分布と名付けられた．

本節では，t 分布および F 分布と呼ばれる確率分布について述べる．前節同様，統計量との関係を証明するためには，少し複雑な数学が必要である．はじめは結論を理解すればよい．

まず，F 分布から述べる．

定義　k_1, k_2 を自然数とする．確率密度が

$$f_{k_1,k_2}(x) = \begin{cases} 0 & x \leqq 0 \\[2mm] \dfrac{k_1^{\frac{k_1}{2}} k_2^{\frac{k_2}{2}}}{B\left(\frac{k_1}{2}, \frac{k_2}{2}\right)} \dfrac{x^{\frac{k_1-2}{2}}}{(k_1 x + k_2)^{\frac{k_1+k_2}{2}}} & x > 0 \end{cases}$$

によって与えられる連続分布を，自由度 k_1, k_2 の F 分布という．ただし，$B(p, q)\ (p, q > 0)$ はベータ関数 ((4.5) 参照) である．

　F 分布に対しては，自由度 k_1, k_2 および $\alpha \in (0, 1)$ に対して

$$P(F \geqq F_{k_1, k_2}(\alpha)) = \alpha$$

をみたす正数 $F_{k_1, k_2}(\alpha)$ を与える数表を用いる．

　F 分布の意味は次で与えられる．

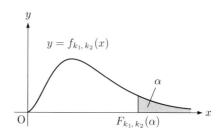

定理 6.7　$\chi_1{}^2, \chi_2{}^2$ をそれぞれ自由度 k_1, k_2 のカイ 2 乗分布に従う，互いに独立な確率変数とする．このとき，

$$F = \frac{\frac{\chi_1{}^2}{k_1}}{\frac{\chi_2{}^2}{k_2}} = \frac{k_2}{k_1} \frac{\chi_1{}^2}{\chi_2{}^2}$$

は自由度 k_1, k_2 の *F* 分布に従う．

【証明】　定理 3.14 より，*F* の確率密度 f は，$z > 0$ に対して

$$f(z) = \int_0^\infty \frac{1}{2^{\frac{k_1}{2}} \Gamma(\frac{k_1}{2})} \left(\frac{k_1 z u}{k_2}\right)^{\frac{k_1 - 2}{2}} e^{-\frac{k_1 z u}{2 k_2}} \frac{1}{2^{\frac{k_2}{2}} \Gamma(\frac{k_2}{2})} u^{\frac{k_2 - 2}{2}} e^{-\frac{u}{2}} \frac{k_1 u}{k_2} \, du$$

$$= \frac{1}{2^{\frac{k_1 + k_2}{2}} \Gamma(\frac{k_1}{2}) \Gamma(\frac{k_2}{2})} \left(\frac{k_1}{k_2}\right)^{\frac{k_1}{2}} z^{\frac{k_1 - 2}{2}} \int_0^\infty u^{\frac{k_1 + k_2}{2} - 1} e^{-\frac{k_1 z + k_2}{2 k_2} u} \, du$$

によって与えられる．$\dfrac{k_1 z + k_2}{2 k_2} u = v$ とおいて置換積分を行うと，

$$f(z) = \frac{\Gamma(\frac{k_1 + k_2}{2}) k_1{}^{\frac{k_1}{2}} k_2{}^{\frac{k_2}{2}}}{\Gamma(\frac{k_1}{2}) \Gamma(\frac{k_2}{2})} \frac{z^{\frac{k_1 - 2}{2}}}{(k_1 z + k_2)^{\frac{k_1 + k_2}{2}}}$$

となる．よって，ベータ関数とガンマ関数の関係 (4.6) から結論を得る．∎

　次は，定理 6.5 と定理 6.7 から証明できる．母分散に関して議論するときに用いる．

定理 6.8　$X_1, X_2, \ldots, X_{n_1}$ を正規母集団 $N(m_1, \sigma_1{}^2)$ からの大きさ n_1 の無作為標本，$Y_1, Y_2, \ldots, Y_{n_2}$ を正規母集団 $N(m_2, \sigma_2{}^2)$ からの大きさ n_2 の無作為標本とし，それぞれの不偏分散を $u_X{}^2, u_Y{}^2$，標本分散を $s_X{}^2, s_Y{}^2$ とする．

このとき，

$$F = \frac{\frac{u_X{}^2}{\sigma_1{}^2}}{\frac{u_Y{}^2}{\sigma_2{}^2}} = \frac{\frac{n_1 s_X{}^2}{(n_1-1)\sigma_1{}^2}}{\frac{n_2 s_Y{}^2}{(n_2-1)\sigma_2{}^2}}$$

は自由度 $k_1 = n_1 - 1, k_2 = n_2 - 1$ の F 分布に従う．

次に，t 分布について述べる．

定義　k を自然数とする．確率密度が，

$$f_k(t) = \frac{1}{\sqrt{k}B\left(\frac{k}{2}, \frac{1}{2}\right)}\left(1 + \frac{t^2}{k}\right)^{-\frac{k+1}{2}} \qquad (t \in \mathbf{R})$$

によって与えられる連続分布を**自由度 k の t 分布**という．

---

t 分布に対しては，自由度 k の t 分布に従う確率変数を t として，自由度 k と $\alpha \in (0,1)$ に対して

$$P(|t| \geqq t_k(\alpha)) = \alpha$$

をみたす $t_k(\alpha)$ を与える数表 (付表 4) を用いる．

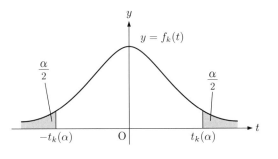

定理 6.9　互いに独立な確率変数 X, Y が，それぞれ標準正規分布，自由度 k のカイ 2 乗分布に従うとすると，

$$t = \frac{X}{\sqrt{\frac{Y}{k}}}$$

の確率分布は自由度 k の t 分布である．

【証明】　$\sqrt{Y}$ の分布関数は

$$P(\sqrt{Y} \leqq y) = P(Y \leqq y^2) = \int_0^{y^2} \frac{1}{2^{\frac{k}{2}} \Gamma\left(\frac{k}{2}\right)} x^{\frac{k-2}{2}} e^{-\frac{x}{2}} \, dx$$

と表されるので，$\sqrt{Y}$ の確率密度は

$$\frac{d}{dy} P(\sqrt{Y} \leqq y) = \frac{2}{2^{\frac{k}{2}} \Gamma\left(\frac{k}{2}\right)} y^{k-1} e^{-\frac{y^2}{2}} \quad (y > 0)$$

である. したがって, 定理 3.14 より t の確率密度 f は

$$f(z) = \int_0^\infty \frac{1}{\sqrt{2\pi}} e^{-\frac{1}{2}(\frac{zy}{\sqrt{k}})^2} \frac{2}{2^{\frac{k}{2}} \Gamma(\frac{k}{2})} y^{k-1} e^{-\frac{y^2}{2}} \frac{y}{\sqrt{k}} \, dy$$

$$= \frac{2}{\sqrt{2\pi k} 2^{\frac{k}{2}} \Gamma(\frac{k}{2})} \int_0^\infty y^k e^{-\frac{(z^2+k)y^2}{2k}} \, dy$$

によって与えられる. $u = \dfrac{(z^2+k)y^2}{2k}$ とおいて置換積分を行うと,

$$f(z) = \frac{2}{\sqrt{2\pi k} 2^{\frac{k}{2}} \Gamma(\frac{k}{2})} \int_0^\infty \left(\frac{2ku}{z^2+k}\right)^{\frac{k-1}{2}} e^{-u} \frac{k}{z^2+k} \, du$$

$$= \frac{\Gamma(\frac{k+1}{2})}{\sqrt{\pi k} \Gamma(\frac{k}{2})} \left(1 + \frac{z^2}{k}\right)^{-\frac{k+1}{2}}$$

となる. よって, $\Gamma\left(\dfrac{1}{2}\right) = \sqrt{\pi}$ と (4.6) より結論を得る.　▐

これまでの結果を合わせると, 次の有用な定理を得る.

定理 6.10　　$X_1, X_2, \ldots, X_n$ を正規母集団 $N(m, \sigma^2)$ からの無作為標本とし, その標本平均, 標本分散, 不偏分散をそれぞれ $\overline{X}_n, s^2, u^2$ とすると,

$$t = \frac{\overline{X}_n - m}{\sqrt{\frac{s^2}{n-1}}} = \frac{\overline{X}_n - m}{\sqrt{\frac{u^2}{n}}}$$

は自由度 $k = n-1$ の t 分布に従う.

【証明】　$T_n = \dfrac{\overline{X}_n - m}{\sqrt{\frac{\sigma^2}{n}}}$ は標準正規分布に従う. そして,

$$S_n = \sum_{i=1}^n \left(\frac{X_i - \overline{X}_n}{\sigma}\right)^2$$

とおく. S_n は補題 6.6 より T_n と独立であり, 定理 6.5 より S_n は自由度 $n-1$ のカイ 2 乗分布に従う.

よって, 定理 6.9 より $t = \dfrac{T_n}{\sqrt{\frac{S_n}{n-1}}}$ は自由度 $n-1$ の t 分布に従う.　▐

自由度 k の t 分布は, $k \to \infty$ とするとき標準正規分布に収束する (章末問題 6.5 および t 分布表を参照). したがって, k が十分大きいとき, つまり標本の大きさが十分大きいときは t 分布は標準正規分布で近似してよい.

◆◆章末問題 6 ◆◆

6.1 自由度 k のカイ 2 乗分布の平均と分散を求めよ.

6.2 ${\chi_1}^2, {\chi_2}^2$ をそれぞれ自由度 k_1, k_2 のカイ 2 乗分布に従う, 互いに独立な確率変数とする. ${\chi_1}^2 + {\chi_2}^2$ の確率分布は何か.

6.3 χ^2 が自由度 k のカイ 2 乗分布に従うなら, $\dfrac{1}{2}\chi^2$ はパラメータ $\dfrac{1}{2}$ のガンマ分布に従うことを示せ[3].

6.4 $X_1, X_2, ..., X_n$ をそれぞれ平均 λ の指数分布に従う独立な確率変数列とすると, $\dfrac{2}{\lambda}\displaystyle\sum_{i=1}^{n} X_i$ は自由度 $2n$ のカイ 2 乗分布に従うことを示せ.

6.5 自由度 k の t 分布の確率密度が $k \to \infty$ のとき, 標準正規分布の確率密度に収束することを示せ.

6.6 t が自由度 k の t 分布に従う確率変数であれば, t^2 は自由度 $1, k$ の F 分布に従うことを示せ.

6.7 $k_2 > 2$ のとき, 自由度 k_1, k_2 の F 分布の平均が $\dfrac{k_2}{k_2 - 2}$ であることを示せ.

6.8 X をパラメータ λ のポアソン分布に従う確率変数, χ^2 を自由度 $2k + 2$ のカイ 2 乗分布に従う確率変数とすると, $P(X \leqq k) = P(\chi^2 \geqq 2\lambda)$ がすべての自然数 k に対して成り立つことを示せ.

6.9 (1) S_n を二項分布 $B(n, p)$ に従う確率変数とし, $r \in \{0, 1, 2, ..., n\}$ とする. このとき, $k_1 = 2(r+1)$, $k_2 = 2(n-r)$, $x_0 = \dfrac{k_2 p}{k_1(1-p)}$ とおき, F_1 を自由度 k_1, k_2 の F 分布に従う確率変数とすると, $P(S_n \leqq r) = P(F_1 \geqq x_0)$ が成り立つことを示せ.

(2) $\ell_1 = 2(n-r)$, $\ell_2 = 2(r+1)$, $x_1 = \dfrac{\ell_2(1-p)}{\ell_1 p}$ とおき, F_2 を自由度 ℓ_1, ℓ_2 の F 分布に従う確率変数とすると, $P(S_n \geqq r+1) = P(F_2 \geqq x_1)$ が成り立つことを示せ.

(ヒント：4 章章末問題 4.8 の結論を用いる.)

---

[3] 次のような考察もできる. 定理 6.2 のように, 標準正規分布に従う独立な確率変数列 $X_1, ..., X_n$ を用いて $\chi^2 = {T_1}^2 + \cdots + {T_n}^2$ と表されているとすると, 各 ${T_i}^2$ はパラメータ $\dfrac{1}{2}$ のガンマ分布に従う (章末問題 **4.5**) から, ガンマ分布の再生性 (同 **4.9**) から結論を得る.

7

推定

この章では，母集団の一部である標本を調査した結果から，母集団の特性を表す量である母比率や母平均などを推測する統計的推論の方法を述べる．基準を定めて1つの値で推定する方法が点推定であり，誤差を考慮に入れて区間で推定する方法が区間推定である．

§7.1 点推定と区間推定

ある車種の自動車の燃費を調べるために，10台について標本調査を行い，次の結果を得たとする：

$$22.7, \ 23.6, \ 23.0, \ 23.4, \ 22.9,$$

$$23.7, \ 23.2, \ 22.6, \ 23.1, \ 22.8 \quad (\mathrm{km/L}).$$

平均は 23.1 であり，母平均はこの値の近くであると推定することになる．

母分散については，どうであろうか．前章で述べたように，標本から母分散を推定する際の統計量には標本分散と不偏分散の2つがあるが，その理由は何だろうか．

一般に母数の値をある基準をみたす1つの統計量で推定する方法を**点推定**という．一見不自然に思える不偏分散は，その名前の由来である不偏性 (次節を参照) をもつが，標本分散はもたないのである．

一方，自動車のような複雑な機械の場合には，製造工程における誤差や実験誤差を考慮すべきであり，上の例では，何らかの方法で誤差 $\varepsilon > 0$ を決めて $23.1 - \varepsilon$ と $23.1 + \varepsilon$ の間であろうと，区間で推定する．このような推定方法を**区間推定**という．

同様のことが，世論調査やテレビ番組の視聴率調査にもいえる．「昨晩のサッカー日本代表の試合の視聴率は ○○.○ ％であった」という報道を目にするが，

テレビ番組の視聴率は関東地区など各地区で600軒程度を調査した結果である．これは，標本の全体が母集団の縮図であると考えて数字を見ている．しかし，異なる600軒を調査したとすると，結果がぴったりとは一致しないことは容易に予想される．したがって，この場合も誤差を考える必要がある．

この章では，まず点推定を行うための基準と関連する結果をいくつか紹介し，後半において区間推定について述べる．

§ 7.2　点推定

$x_1, x_2, \ldots, x_n$ をある母集団から無作為標本を抽出した結果とする．前節の例であれば，$n = 10$, $x_1 = 22.7$, $x_2 = 23.6, \ldots$, $x_{10} = 22.8$ である．

また，$X_1, X_2, \ldots, X_n$ をこの母集団の母集団分布に従う独立な確率変数列とする．これも無作為標本と呼ぶ．標本調査を行う前は標本の値は確率変数と考えて，$x_1, x_2, \ldots, x_n$ はその実現値と考えればよい．サイコロを何回もふる場合の目を考えることと同様である．

母集団分布が確率密度をもつこと，または母集団が二項母集団であることを仮定する．確率密度をもつ場合は，θ を母数として確率密度を $f(\xi; \theta)$ $(\xi \in \mathbf{R})$ と書く．たとえば，母数 θ として母平均や母分散を考える．両方を母数とすることもある．二項母集団の場合は，母比率が母数となる．

(1)　一致推定量

母数 θ に対して，標本 $X_1, X_2, \ldots, X_n$ から推定量と呼ばれる統計量 $T_n = T_n(X_1, X_2, \ldots, X_n)$ を1つ定めて，実際のデータを代入することによって θ の推定値を得るのが点推定である．

推定量に望まれる性質の1つは，数多くの標本を集めると真の値 θ に近くなることである．つまり，$T_n(X_1, X_2, \ldots, X_n)$ が $n \to \infty$ のとき θ に収束するということである．このとき，T_n を**一致推定量**と呼ぶ．収束は，通常，大数の法則 (定理5.1) の意味の収束 (確率収束) を意味する．

θ が母平均 m の場合は，大数の法則より

$$\overline{X}_n = \frac{X_1 + X_2 + \cdots + X_n}{n} \to m$$

が成り立つので，標本平均 $\overline{X}_n$ は母平均 m に対する一致推定量である．母比率についても同様である．

母分散についても，適当な条件のもとで，標本分散，不偏分散が母分散に対する一致推定量であることが証明される (章末問題 7.2 参照).

(2)　不偏推定量

母数 θ の推定量である確率変数 $T_n = T_n(X_1, X_2, \ldots, X_n)$ は，θ のまわりに散らばりをもち，その中心 (平均) が θ であること，つまり

$$E[T_n] = \theta$$

が成り立つことが望ましい．このとき，T_n を**不偏推定量**という．

標本平均 $\overline{X}_n$ は母平均 m に対する不偏推定量である．母分散に対しては，

$$\frac{1}{n} \sum_{i=1}^{n} (X_i - m)^2$$

は不偏推定量であるが，母平均の値が既知でないと意味がない．

標本から計算される量としては，不偏分散 u^2 が求める統計量である：

$$u^2 = \frac{1}{n-1} \sum_{i=1}^{n} (X_i - \overline{X}_n)^2.$$

命題 7.1　不偏分散 u^2 は母分散 σ^2 に対する不偏推定量である．

【証明】　命題 5.3 より $V[\overline{X}_n] = E[(\overline{X}_n - m)^2] = \dfrac{\sigma^2}{n}$ が成り立つので，次のようにして命題を証明することができる：

$$E[u^2] = \frac{1}{n-1} E\Big[\sum_{i=1}^{n} ((X_i - m) - (\overline{X}_n - m))^2\Big]$$

$$= \frac{1}{n-1} E\Big[\sum_{i=1}^{n} (X_i - m)^2 - 2(\overline{X}_n - m)\sum_{i=1}^{n} (X_i - m) + n(\overline{X}_n - m)^2\Big]$$

$$= \frac{1}{n-1} E\Big[\sum_{i=1}^{n} (X_i - m)^2 - n(\overline{X}_n - m)^2\Big]$$

$$= \frac{n\sigma^2}{n-1} - \frac{n}{n-1}\frac{\sigma^2}{n} = \sigma^2.$$

(3)　有効推定量

母数 θ に対する不偏推定量がいくつかあるとき,その中から分散のより小さいものを選ぶのは推定量の信頼性から見て当然であろう.ここでは,推定量の分散の下限を与えるクラーメル・ラオの不等式を証明し,この基準を与える.

このために,母集団分布は確率密度 $f(\xi\,;\theta)$ をもつとする.結果を述べるために必要であり,また次項でも用いるので,ここで**尤度関数** L_n,**対数尤度関数** ℓ_n を定義しておく:

$$L_n(\xi_1,\xi_2,\ldots,\xi_n\,;\theta) = \prod_{i=1}^{n} f(\xi_i\,;\theta),$$

$$\ell_n(\xi_1,\xi_2,\ldots,\xi_n:\theta) = \log L_n(\xi_1,\xi_2,\ldots,\xi_n\,;\theta) = \sum_{i=1}^{n} \log f(\xi_i\,;\theta).$$

無作為標本 $X_1, X_2, \ldots, X_n$ は,独立でそれぞれの確率密度が $f(\xi\,;\theta)$ で与えられる確率分布 (母集団分布) に従う確率変数列だから,L_n は $(X_1, X_2, \ldots, X_n)$ の同時分布の確率密度である.

母集団分布の確率密度 $f(\xi\,;\theta)$ に対して次の仮定をする.

仮定 1. $f(\xi\,;\theta)$ は θ について C^1 級,つまり θ に関して偏微分可能で,偏導関数が連続関数である.

仮定 2. 集合 $\{\xi\,;f(\xi\,;\theta)>0\}$ の閉包[1]は,θ によらない同じ集合である.

仮定 3. 任意の θ に対して,次が成り立つ:

$$\int_{\mathbf{R}} \frac{\partial f}{\partial \theta}(\xi\,;\theta)\,d\xi = 0.$$

仮定 4. 次で定義される**フィッシャー情報量** $I(\theta)$ は有限かつ正である:

$$I(\theta) = \int_{\mathbf{R}} \left(\frac{\partial}{\partial \theta} \log f(\xi\,;\theta) \right)^2 f(\xi\,;\theta)\,d\xi = \int_{\mathbf{R}} \left(\frac{\partial}{\partial \theta} f(\xi\,;\theta) \right)^2 \frac{1}{f(\xi\,;\theta)}\,d\xi.$$

---

[1] $\mathbf{R}$ の部分集合 A を含む最小の閉集合を A の**閉包**という.仮定 2 の閉包を ξ の関数 $f(\xi\,;\theta)$ の台という.母集団分布が正規分布や指数分布の場合は仮定 1 が成り立つ.

仮定 3 は，積分と θ に関する微分の順序交換が正当化されるならば，等式 $\int_{\mathbf{R}} f(\xi\,;\theta)\,d\xi = 1$ の両辺を θ に関して微分すると得られ，自然な仮定である．また，フィッシャー情報量は，無作為標本 $X_1, X_2, \ldots, X_n$ に対して

$$I(\theta) = E\left[\left(\frac{1}{f(X_i\,;\theta)}\frac{\partial f}{\partial \theta}(X_i\,;\theta)\right)^2\right] \qquad (i = 1, 2, \ldots, n)$$

とも表現される．

さらに，$\ell_n(\xi_1, \xi_2, \ldots, \xi_n\,;\theta)$ の θ に関する微分が

$$\frac{\partial \ell_n}{\partial \theta}(\xi_1, \xi_2, \ldots, \xi_n\,;\theta) = \sum_{i=1}^{n}\frac{1}{f(\xi_i\,;\theta)}\frac{\partial f}{\partial \theta}(\xi_i\,;\theta)$$

と与えられることを注意しておく．

$T_n = T_n(X_1, X_2, \ldots, X_n)$ をある母数 θ の不偏推定量，つまり

$$E[T_n] = \int_{\mathbf{R}^n} T_n(\xi_1, \xi_2, \ldots, \xi_n) L_n(\xi_1, \xi_2, \ldots, \xi_n\,;\theta)\,d\xi_1 d\xi_2 \cdots d\xi_n = \theta \tag{7.1}$$

をみたす推定量であるとして，次を仮定する．

仮定 5. すべての θ に対して

$$\int_{\mathbf{R}^n} T_n(\xi_1, \xi_2, \ldots, \xi_n)\frac{\partial}{\partial \theta} L_n(\xi_1, \xi_2, \ldots, \xi_n\,;\theta)\,d\xi_1 d\xi_2 \cdots d\xi_n = 1.$$

この等式は，積分と θ に関する微分の順序交換が正当化されるならば (7.1) の両辺を θ に関して得られ，仮定 3 と同様，自然な仮定である．

定理 7.2 [クラーメル・ラオの不等式]　仮定 1–5 の下で，不偏推定量 T_n の分散に対して，

$$V[T_n] \geqq \frac{1}{nI(\theta)}$$

が成り立つ．さらに，等号が成り立つのは，すべての $(\xi_1, \xi_2, \ldots, \xi_n)$ に対して

$$\frac{\partial}{\partial \theta}\ell_n(\xi_1, \xi_2, \ldots, \xi_n\,;\theta) = nI(\theta)(T_n(\xi_1, \xi_2, \ldots, \xi_n\,;\theta) - \theta)$$

が成り立つとき，かつそのときに限る．

　定理の主張は，不偏推定量の分散を $(nI(\theta))^{-1}$ より小さくすることはできないということである．よって，等号をみたす不偏推定量が存在すれば，それが最良の不偏推定量である．このような不偏推定量を**有効推定量**という[2]．

　定理の証明を与える前に，感じをつかむため，正規母集団における母平均，母分散の有効推定量を与える．ここでは，母分散を σ^2 ではなく，v と表す．

例 7.1　正規母集団 $N(m, v)$ において，母分散の値 v が既知であるとして，母平均 m の有効推定量を与える．結果は，容易に想像されるように，標本平均となる．

　まず，母集団分布の確率密度は $f(\xi\,;m) = \dfrac{1}{\sqrt{2\pi v}} e^{-\frac{(\xi-m)^2}{2v}}$ であるから，仮定 (1)–(4) をみたすことは直接確認される．フィッシャー情報量は，

$$I(m) = \int_{\mathbf{R}} \left(\frac{\xi-m}{v}\right)^2 f(\xi\,;m)\,d\xi = \frac{1}{v^2} E[(X_i - m)^2] = \frac{1}{v}$$

で与えられる．さらに，対数尤度関数の m に関する導関数は，

$$\frac{\partial}{\partial m} \ell_n(\xi_1, \xi_2, \ldots, \xi_n\,;m) = \sum_{i=1}^{n} \frac{\partial}{\partial m}\left(\log\frac{1}{\sqrt{2\pi v}} - \frac{(\xi_i - m)^2}{2v}\right) = \sum_{i=1}^{n} \frac{\xi_i - m}{v}$$

となるから，定理 7.2 より次を得る：

$$T_n(\xi_1, \xi_2, \ldots, \xi_n\,;m) = m + \frac{1}{nI(\theta)}\frac{\partial}{\partial\theta}\ell_n(\xi_1, \xi_2, \ldots, \xi_n\,;\theta) = \frac{1}{n}\sum_{i=1}^{n}\xi_i. \blacksquare$$

例 7.2　正規母集団 $N(m, v)$ において，母平均 m の値が既知であるとして，母分散 v に対する有効推定量を考える．母集団分布の確率密度を

$$f(\xi, v) = \frac{1}{\sqrt{2\pi v}} e^{-\frac{(\xi-m)^2}{2v}}$$

とおく．$\displaystyle\int_{\mathbf{R}} \xi^4 \frac{1}{\sqrt{2\pi}} e^{-\frac{\xi^2}{2}}\,d\xi = 3$ であることから，フィッシャー情報量が

$$I(\theta) = \int_{\mathbf{R}} \left(-\frac{1}{2v} + \frac{(\xi-m)^2}{2v^2}\right)^2 f(\xi\,;v)\,d\xi = \frac{1}{2v^2}$$

---

[2] 多変数の場合が重要であるが，本書の程度を越えるので省略する．たとえば，吉田朋広著『数理統計学』(朝倉書店)，などを参照されたい．

で与えられることを，置換積分により確かめることができる．これから

$$T_n(\xi_1, \xi_2, \ldots, \xi_n) = \frac{1}{n} \sum_{i=1}^{n} (\xi_i - m)^2$$

が母分散に対する有効推定量であることがわかる．詳細は演習問題とする． ▮

【定理 7.2 の証明】　確率変数 $\dfrac{\partial \ell_n}{\partial \theta}(X_1, X_2, \ldots, X_n \,; \theta)$ を ℓ'_n と略記し，ℓ'_n の平均，分散を計算する．平均に関しては，仮定 3 より

$$E[\ell'_n] = \sum_{i=1}^{n} E\Big[\frac{\partial f}{\partial \theta}(X_i \,; \theta)\frac{1}{f(X_i \,; \theta)}\Big] = \sum_{i=1}^{n} \int_{\mathbf{R}} \frac{\partial f}{\partial \theta}(\xi_i \,; \theta)\,d\xi_i = 0 \qquad (7.2)$$

となる．よって，ℓ'_n の分散については，

$$V[\ell'_n] = E\Big[\Big(\sum_{i=1}^{n} \frac{1}{f(X_i \,; \theta)}\frac{\partial f}{\partial \theta}(X_i \,; \theta)\Big)^2\Big]$$

である．$i \neq j$ であれば X_i と X_j は独立なので，(7.2) より

$$E\Big[\frac{\partial f}{\partial \theta}(X_i \,; \theta)\frac{1}{f(X_i \,; \theta)}\frac{\partial f}{\partial \theta}(X_j \,; \theta)\frac{1}{f(X_j \,; \theta)}\Big]$$

$$= \int_{\mathbf{R}} \frac{\partial f}{\partial \theta}(\xi_i \,; \theta)\,d\xi_i \int_{\mathbf{R}} \frac{\partial f}{\partial \theta}(\xi_j \,; \theta)\,d\xi_j = 0$$

が成り立つ．したがって，フィッシャー情報量 $I(\theta)$ の定義より，次を得る：

$$V[\ell'_n] = \sum_{i=1}^{n} E\Big[\Big(\frac{1}{f(X_i \,; \theta)}\frac{\partial f}{\partial \theta}(X_i \,; \theta)\Big)^2\Big] = nI(\theta).$$

一方，積 $\ell'_n T_n$ の平均も，仮定 5 より

$$E[\ell'_n T_n] = \sum_{i=1}^{n} E\Big[\frac{1}{f(X_i \,; \theta)}\frac{\partial f}{\partial \theta}(X_i \,; \theta)T_n\Big]$$

$$= \sum_{i=1}^{n} \int \cdots \int_{\mathbf{R}^n} T_n(\xi_1, \xi_2, \ldots, \xi_n)\frac{\partial f}{\partial \theta}(\xi_n \,; \theta)\prod_{j \neq i} f(\xi_j \,; \theta)\,d\xi_1 d\xi_2 \cdots s\xi_n$$

$$= \int \cdots \int_{\mathbf{R}^n} T_n(\xi_1, \xi_2, \ldots, \xi_n)\frac{\partial}{\partial \theta}\Big(\prod_{i=1}^{n} f(x_i \,; \theta)\Big)\,d\xi_1 d\xi_2 \cdots d\xi_n$$

$$= 1$$

となる．よって，$E[\ell'_n] = 0$ より，ℓ'_n と T_n の共分散が 1 であることがわかる：

$$\mathrm{Cov}\,(T_n, \ell'_n) = E[(T_n - \theta)\ell'_n] = 1.$$

したがって，シュワルツの不等式 (命題 3.16) より，

$$1 = \{\mathrm{Cov}\,(T_n, \ell'_n)\}^2 \leqq V[T_n]V[\ell'_n] = nI(\theta)V[T_n]$$

となり，第一の主張 $V[T_n] \geqq (nI(\theta))^{-1}$ を得る．

次に，等号が成り立つ場合を考える．等号が成り立つのは，

$$\ell'_n = aT_n + b$$

をみたす定数 a, b が存在するとき，かつこのときに限る．この等式の両辺の確率変数の平均を考えると，$a\theta + b = 0$，つまり，$b = -a\theta$ が成り立つことがわかる．すると，

$$1 = E[(T_n - \theta)\ell'_n] = \frac{1}{a}E[(\ell'_n)^2] = \frac{nI(\theta)}{a}$$

が成り立つので，$a = nI(\theta)$ となる．したがって，等号が成り立つのは，

$$\ell'_n(X_1, X_2, \ldots, X_n\,;\theta) = nI(\theta)(T_n(X_1, X_2, \ldots, X_n) - \theta)$$

が成り立つとき，かつこのときに限る．

(4) 最尤推定量

前項と同様，母集団分布の確率密度が，θ を母数として $f(\xi\,;\theta)$ である母集団を考えて，無作為標本 $X_1, X_2, \ldots, X_n$ の同時分布の確率密度である尤度関数を $L_n(\xi_1, \xi_2, \ldots, \xi_n\,;\theta)$ とする：

$$L_n(\xi_1, \xi_2, \ldots, \xi_n\,;\theta) = \prod_{i=1}^{n} f(\xi_i\,;\theta) \qquad (\xi_i \in \mathbf{R}).$$

実際に標本調査を行い，大きさ n の無作為標本 $x_1, x_2, \ldots, x_n$ が得られたとする．このとき，この標本が最も現れやすい状況を与える，つまり，ξ_i に x_i を代入した $L_n(x_1, x_2, \ldots, x_n\,;\theta)$ を最大にする θ_0 を $x_1, x_2, \ldots, x_n$ で表したとき，θ_0 を母数 θ に対する**最尤推定値**という．

同様に，尤度関数に無作為標本を代入した $L_n(X_1, X_2, \ldots, X_n\,;\theta)$ を θ の関数と考えて，これを最大にする θ_0 を $X_1, X_2, \ldots, X_n$ によって表した統計量を**最尤推定量**という．

次の定理は，最尤性が有効性より広いクラスの推定量を定めることを示す．また，適当な条件のもとで最尤推定量が一致推定量であることも知られている (ワルドの定理) が，本書では省略する．

定理 7.3   定理 7.2 の仮定のもとで，有効推定量は最尤推定量である．

【証明】 $T_n = T_n(X_1, X_2, \ldots, X_n)$ を母数 θ に対する有効推定量とすると，
$$\ell_n'(X_1, X_2, \ldots, X_n\,;\theta) = nI(\theta)(T_n(X_1, X_2, \ldots, X_n\,;\theta) - \theta)$$
が成り立つ．よって，θ に T_n を代入すると，$\ell_n'(X_1, X_2, \ldots, X_n\,;T_n) = 0$ が成り立つ．これは，ℓ_n, L_n が $\theta = T_n$ のとき最大であり，T_n が最尤推定量であることを示す． ∎

次に，母平均 m，母分散 v がともに未知の正規母集団における母平均，母分散に対する最尤推定量を考える．この場合の母数 θ は，$\theta = (m, v)$ である．

命題 7.4   正規母集団 $N(m, v)$ の場合，母平均，母分散に対する最尤推定量は標本平均，標本分散である．

【証明】   確率密度は $f(\xi\,;m, v) = \dfrac{1}{\sqrt{2\pi v}} e^{-\frac{(\xi-m)^2}{2v}}$ であるから，対数尤度関数 ℓ_n は

$$\ell_n(\xi_1, \xi_2, \ldots, \xi_n\,;m, v) = \sum_{i=1}^n \log f(\xi_i\,;m, v)$$

$$= -\frac{n}{2}\log(2\pi v) - \sum_{i=1}^n \frac{(\xi_i - m)^2}{2v}$$

で与えられる．よって，$g(m, v) = \ell_n(x_1, x_2, \ldots, x_n\,;m, v)$ とおくと，g の m, v に関する 1 階偏導関数はそれぞれ次で与えられる：

$$\frac{\partial g}{\partial m}(m, v) = \frac{1}{v}\sum_{i=1}^n (x_i - m),$$

$$\frac{\partial g}{\partial v}(m, v) = -\frac{n}{2v} + \frac{1}{2v^2}\sum_{i=1}^n (x_i - m)^2.$$

これらが 0 になるのは，

$$m = \overline{x}_n = \frac{1}{n}\sum_{i=1}^n x_i, \qquad v = s^2 = \frac{1}{n}\sum_{i=1}^n (x_i - \overline{x}_n)^2$$

のときのみであり，このときヘッシアンは

$$\begin{pmatrix} \dfrac{\partial^2 g}{\partial m^2} & \dfrac{\partial^2 g}{\partial m \partial v} \\[2mm] \dfrac{\partial^2 g}{\partial m \partial v} & \dfrac{\partial^2 g}{\partial v^2} \end{pmatrix} = \begin{pmatrix} -\dfrac{n}{v} & 0 \\[2mm] 0 & -\dfrac{n}{2v^2} \end{pmatrix}$$

となり負定値である．
したがって，$g(m, v)$ は $(m, v) = (\overline{x}_n, s^2)$ において最大となる． ∎

§ 7.3 区間推定

母比率，正規母集団の母平均，母分散に関する区間推定の考え方と方法について述べる．

(1) 母比率の区間推定

世論調査やテレビの視聴率調査を念頭において，二項母集団を考える．つまり，母集団がある性質をもつ (たとえば，紅白歌合戦を見た) グループ A とそうでないグループに分かれているとする．A の母比率を p とする．p は定数であるが，正確な値は未知である．

大きさ n の無作為標本を抽出したとき，n_A 個が A に属していたとする．標本中の A の比率 $p_A = \dfrac{n_A}{n}$ から母比率 p の値を区間推定する，つまり誤差 ε を見込んで，$(p_A - \varepsilon, p_A + \varepsilon)$ の間に母比率が含まれるであろう，という結論を得ることが目標である．

たとえば，あるテレビ番組の視聴率調査の結果が，調査対象 500 軒の中で 23.2% であったとすると，$n = 500$，$p_A = 0.232$，$n_A = 116$ である．全体の視聴率が p であり，p の値を $(0.232 - \varepsilon, 0.232 + \varepsilon)$ という形の区間で推定することが目的である．

しかし，この例からもわかるように，母集団のごく一部しか標本抽出しないのだから，p が必ずこの区間に入るとはいえず，$(p_A - \varepsilon, p_A + \varepsilon)$ の間に母比率が含まれる確率が ○○ ％であるという言い方をすることになる．この確率を**信頼度**と呼ぶ．信頼度は，95% または 99% とすることが多い．

以上のことから，信頼度を決めて，標本調査の結果から ε を求めることが目標となる．得られた区間を**信頼区間**という．

ここで，S_n を二項分布 $B(n, p)$ に従う確率変数とする．S_n の平均は np，分散は $np(1-p)$ であり，ド・モワブル-ラプラスの定理 (定理 5.7) より S_n の正規化を T_n とすると，

$$T_n = \frac{S_n - np}{\sqrt{np(1-p)}} = \frac{\frac{S_n}{n} - p}{\sqrt{\frac{p(1-p)}{n}}}$$

の確率分布は，n が十分大きいならば標準正規分布 $N(0, 1)$ に従うとしてよい．

T を標準正規分布に従う確率変数として, $\alpha \in \left(0, \dfrac{1}{2}\right)$ に対して $z(\alpha) > 0$ を

$$P(T \geqq z(\alpha)) = \frac{\alpha}{2}$$

によって定める.

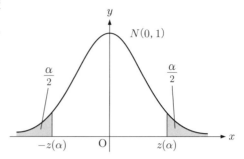

問 7.1 $z(0.05) = 1.96$, $z(0.01) = 2.58$ であることを正規分布表で確認せよ.

$z(\alpha)$ を用いると,

$$P\left(-z(\alpha) < \frac{\frac{S_n}{n} - p}{\sqrt{\frac{p(1-p)}{n}}} < z(\alpha)\right) = 1 - \alpha$$

となる. つまり,

$$-z(\alpha)\sqrt{\frac{p(1-p)}{n}} < \frac{1}{n}S_n - p < z(\alpha)\sqrt{\frac{p(1-p)}{n}}$$

をみたす調査結果が得られる確率が $1 - \alpha$ である.

$1 - \alpha$ は高い確率であり, 標本調査の結果得られている p_{A} という標本中の A の比率もこの不等式をみたしていると考えると,

$$-z(\alpha)\sqrt{\frac{p(1-p)}{n}} < p_{\mathrm{A}} - p < z(\alpha)\sqrt{\frac{p(1-p)}{n}}$$

であり,

$$p_{\mathrm{A}} - z(\alpha)\sqrt{\frac{p(1-p)}{n}} < p < p_{\mathrm{A}} + z(\alpha)\sqrt{\frac{p(1-p)}{n}} \tag{7.3}$$

が成り立つことになる.

p をはさむ右辺, 左辺にも p が現れているので, これを p に関する連立不等式と考えて解いてもよいが, すでに中心極限定理を用いた近似を行っているのでここではその方法はとらず, 次のように考える.

p と p_A の差は $n^{-\frac{1}{2}}$ 程度であることは上の不等式からわかるので,

$$\sqrt{p(1-p)} - \sqrt{p_A(1-p_A)} = \frac{(p-p_A)(1-p-p_A)}{\sqrt{p(1-p)} + \sqrt{p_A(1-p_A)}}$$

であり, $\sqrt{p(1-p)}$ と $\sqrt{p_A(1-p_A)}$ の差も $n^{-\frac{1}{2}}$ 程度である. したがって, (7.3) の p をはさむ右辺, 左辺それぞれで $\sqrt{p(1-p)}$ を $\sqrt{p_A(1-p_A)}$ で置き換えても値は n^{-1} の差しか出ない. この置き換えを行って得られる区間

$$\left(p_A - z(\alpha)\sqrt{\frac{p_A(1-p_A)}{n}}, p_A + z(\alpha)\sqrt{\frac{p_A(1-p_A)}{n}} \right)$$

を信頼度 $1-\alpha$ の信頼区間という.

なお,

$$p(1-p) = -\left(p - \frac{1}{2} \right)^2 + \frac{1}{4} \leq \frac{1}{4} \quad (0 < p < 1)$$

であるから, 信頼区間の幅は $2 \cdot z(\alpha) \cdot \sqrt{\frac{1}{4n}} = \frac{z(\alpha)}{\sqrt{n}}$ よりも小さく, $p = \frac{1}{2}$ のとき最大になる.

問 7.2　ある番組の視聴率を 500 世帯を対象に調査したところ, 23.2%であったとする.
(1) この番組の視聴率の信頼度 95%の信頼区間を求めよ.
(2) この番組の視聴率の信頼度 99%の信頼区間を求めよ.

問 7.3　二項母集団の母比率の区間推定を行う際, 信頼度 95%の信頼区間の幅が 2% 以下にするには標本はどの程度必要になるか. 信頼度を 99%とする場合はどうか.

一般に, 信頼度を高くすると, つまり α を小さくすると, $z(\alpha)$ は大きくなり信頼区間の幅は大きくなる.

また, 内閣府や新聞社, 視聴率調査会社のホームページを見ると, p の推定値に対して考えておくべき誤差 $z(\alpha)\sqrt{\frac{p_A(1-p_A)}{n}}$ の値の表が書かれている. たとえば, 内閣府のホームページにある「世論調査結果を読む際の注意」などを参照するとよい.

(2)　母平均の区間推定 I

本章の冒頭の自動車の燃費のような母集団の各要素の誤差を含んだ特性量を
考えるとき，標本調査の結果 $x_1, x_2, \ldots, x_n$ から母平均 m を区間推定する方法
を考える．本節では，母集団は正規母集団 $N(m, v)$ とし，母分散 σ^2 の値は既
知とする．

本章冒頭の例を，形を変えてあげる．

例題 7.1

ある車種の自動車の燃費を調べるために，10 台について標本調査を行っ
たところ，平均が $23.1\,\mathrm{km/L}$ であった．このとき，母平均に対する信頼度
95%，99% の信頼区間を求めよ．ただし，母分散の値は，過去のデータの
蓄積から $(1.2\,\mathrm{km/L})^2$ とわかっているとする．

考え方は，前節の母比率の区間推定と同じである．ここでは，$X_1, X_2, \ldots, X_n$
をこの母集団からの無作為標本，つまり，それぞれが正規分布 $N(m, \sigma^2)$ に従
う独立な確率変数列とする．

定理 6.1 より，標本平均 $\overline{X}_n$，

$$\overline{X}_n = \frac{X_1 + X_2 + \cdots + X_n}{n} = \frac{1}{n}\sum_{i=1}^{n} X_i$$

は正規分布 $N\left(m, \dfrac{\sigma^2}{n}\right)$ に従い，$\overline{X}_n$ の正規化

$$\frac{\overline{X}_n - m}{\sqrt{\dfrac{\sigma^2}{n}}}$$

は標準正規分布 $N(0, 1)$ に従う．

$z(\alpha)$ を前節と同じ正数とすると，

$$P\left(-z(\alpha) < \frac{\overline{X}_n - m}{\sqrt{\dfrac{\sigma^2}{n}}} < z(\alpha)\right) = 1 - \alpha$$

が成り立つ．つまり，標本平均と母平均の差 $\overline{X}_n - m$ が $\pm z(\alpha)\sqrt{\dfrac{\sigma^2}{n}}$ の間に
含まれる確率が $1 - \alpha$ である．

ここで，標本調査の結果の標本平均 $\overline{x}_n$,

$$\overline{x}_n = \frac{1}{n} \sum_{i=1}^{n} x_i$$

もこのことをみたしていると考えると，不等式

$$\overline{x}_n - z(\alpha)\sqrt{\frac{\sigma^2}{n}} < m < \overline{x}_n + z(\alpha)\sqrt{\frac{\sigma^2}{n}}$$

を得る．この区間

$$\left(\overline{x}_n - z(\alpha)\sqrt{\frac{\sigma^2}{n}}, \overline{x}_n + z(\alpha)\sqrt{\frac{\sigma^2}{n}}\right)$$

が，母平均 m に対する信頼度 $1 - \alpha$ の信頼区間である．信頼度が95％であれば，$z(\alpha)$ に $z(0.05) = 1.96$ を代入すれば信頼区間が得られる．

問 7.4　例題 7.1 に対する解答を与えよ．

問 7.5　ある野菜ジュース 180 mL に含まれるビタミン A の量を測定したところ，大きさ 20 の標本の平均が 485 μg であった．過去のデータから母分散の値が $(40)^2$ と分かっているとして，信頼度90％の信頼区間を求めよ．

(3)　母平均の区間推定 II

過去のデータの蓄積がない場合など母分散 σ^2 の値が既知とはできないときの，正規母集団の母平均の区間推定について述べる．前節と同様，$X_1, X_2, \ldots, X_n$ を正規母集団 $N(m, \sigma^2)$ からの無作為標本 (確率変数)，$x_1, x_2, \ldots, x_n$ を標本調査によって得られた標本とする．

本章冒頭の例では，次のような場合である．

例題 7.2

ある新型車の燃費を調べるために，10 台について標本調査を行い，次の結果を得た：

$$22.7, \ 23.6, \ 23.0, \ 23.4, \ 22.9,$$
$$23.7, \ 23.2, \ 22.6, \ 23.1, \ 22.8 \quad (\text{km/L}).$$

このデータから信頼度95％，99％の母平均の信頼区間を求めよ．

母分散 σ^2 を用いた結論には意味がなく，標本分散 s^2 または不偏分散 u^2，

$$s^2 = \frac{1}{n}\sum_{i=1}^{n}(X_i - \overline{X}_n)^2, \quad u^2 = \frac{1}{n-1}\sum_{i=1}^{n}(X_i - \overline{X}_n)^2$$

を用いる．上の例題では，不偏分散が

$$\frac{1}{9}\Big\{(22.7 - 23.1)^2 + (23.6 - 23.1)^2 + (23.0 - 23.1)^2 + (23.4 - 23.1)^2$$
$$+ (22.9 - 23.1)^2 + (23.7 - 23.1)^2 + (23.2 - 23.1)^2 + (22.6 - 23.1)^2$$
$$+ (23.1 - 23.1)^2 + (22.8 - 23.1)^2\Big\} = 0.14$$

と計算される．

定理 6.10 より，統計量

$$t = \frac{\overline{X}_n - m}{\sqrt{\frac{s^2}{n-1}}} = \frac{\overline{X}_n - m}{\sqrt{\frac{u^2}{n}}}$$

は自由度 $n-1$ の t 分布に
従う．したがって，t 分布表
から $\alpha \in \left(0, \frac{1}{2}\right)$ に対して

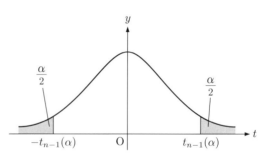

$$P(t \geqq t_{n-1}(\alpha)) = \frac{\alpha}{2}$$

をみたす $t_{n-1}(\alpha) > 0$ を求めれば

$$P\Big(-t_{n-1}(\alpha) < \frac{\overline{X}_n - m}{\sqrt{\frac{u^2}{n}}} < t_{n-1}(\alpha)\Big) = 1 - \alpha$$

となる．つまり，標本平均 $\overline{X}_n$，不偏分散 u^2，母平均 m が

$$-t_{n-1}(\alpha)\sqrt{\frac{u^2}{n}} < \overline{X}_n - m < t_{n-1}(\alpha)\sqrt{\frac{u^2}{n}}$$

という関係にあるような標本が得られる確率が $1 - \alpha$ である．

そして，標本 $x_1, x_2, \ldots, x_n$ もこの関係式をみたすと考えると，

$$u_0{}^2 = \frac{1}{n-1}\sum_{i=1}^{n}(x_i - \overline{x}_n)^2$$

とおけば，母平均 m に対する信頼度 $1 - \alpha$ の信頼区間

$$\left(\overline{x}_n - t_{n-1}(\alpha)\sqrt{\frac{{u_0}^2}{n}}, \overline{x}_n + t_{n-1}(\alpha)\sqrt{\frac{{u_0}^2}{n}} \right)$$

を得る．

> **問 7.6** $t_{10}(0.05)$, $t_{20}(0.01)$ の値を t 分布表から求めよ．
>
> **問 7.7** 例題 7.2 に対する解答を与えよ．
>
> **問 7.8** ボルトを作っている工場である種類のボルトを 40 本抽出したところ，標本平均が 4.01 cm，標本から求めた不偏分散が $(0.08)^2$ であった．このとき，母平均に対する信頼度 95％，99％の信頼区間を求めよ．

(4) 母分散の区間推定

正規母集団 $N(m, \sigma^2)$ の母分散 σ^2 の値を，実際の標本 $x_1, x_2, \ldots, x_n$ から区間推定する方法を述べる．

$X_1, X_2, \ldots, X_n$ を無作為標本とし，これまでのように，$\overline{X}_n, u^2, s^2$ をそれぞれ標本平均，不偏分散，標本分散とする：

$$\overline{X}_n = \frac{1}{n}\sum_{i=1}^{n} X_i, \quad u^2 = \frac{1}{n-1}\sum_{i=1}^{n}(X_i - \overline{X}_n)^2, \quad s^2 = \frac{1}{n}\sum_{i=1}^{n}(X_i - \overline{X}_n)^2.$$

このとき，統計量

$$\chi^2 = \sum_{i=1}^{n}\left(\frac{X_i - \overline{X}_n}{\sigma}\right)^2 = \frac{(n-1)u^2}{\sigma^2} = \frac{ns^2}{\sigma^2}$$

は自由度 $n-1$ のカイ 2 乗分布に従う (定理 6.5).

ここで，$\alpha > 0$ に対して ${\chi_{n-1}}^2\left(1 - \frac{\alpha}{2}\right)$, ${\chi_{n-1}}^2\left(\frac{\alpha}{2}\right)$ を

$$P\left(\chi^2 \leqq {\chi_{n-1}}^2\left(1 - \frac{\alpha}{2}\right)\right) = \frac{\alpha}{2}, \qquad P\left(\chi^2 \geqq {\chi_{n-1}}^2\left(\frac{\alpha}{2}\right)\right) = \frac{\alpha}{2}$$

をみたす正の数とする．

このとき，

$$P\left({\chi_{n-1}}^2\left(1 - \frac{\alpha}{2}\right) < \frac{(n-1)u^2}{\sigma^2} < {\chi_{n-1}}^2\left(\frac{\alpha}{2}\right)\right) = 1 - \alpha$$

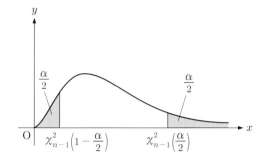

が成り立つ. つまり, 不偏分散が

$$\chi_{n-1}{}^2\left(1-\frac{\alpha}{2}\right) < \frac{(n-1)u^2}{\sigma^2} < \chi_{n-1}{}^2\left(\frac{\alpha}{2}\right),$$

つまり,

$$\frac{(n-1)u^2}{\chi_{n-1}{}^2(\frac{\alpha}{2})} < \sigma^2 < \frac{(n-1)u^2}{\chi_{n-1}{}^2(1-\frac{\alpha}{2})}$$

をみたすような標本が現れる確率が $1-\alpha$ である.

　したがって, 標本調査の結果もこの関係式をみたすと考えて,

$$u_0{}^2 = \frac{1}{n-1}\sum_{i=1}^{n}(x_i - \overline{x}_n)^2, \qquad \overline{x}_n = \frac{1}{n}\sum_{i=1}^{n}x_i$$

を計算すると, 母分散 σ^2 に対する信頼度 $1-\alpha$ の信頼区間が

$$\left(\frac{(n-1)u_0{}^2}{\chi_{n-1}{}^2(\frac{\alpha}{2})}, \frac{(n-1)u_0{}^2}{\chi_{n-1}{}^2(1-\frac{\alpha}{2})}\right)$$

と得られる.

> **問 7.9**　本章冒頭の自動車の燃費に関するデータから母分散に対する信頼度 90%および 95%の信頼区間を求めよ.

◆◆章末問題 7 ◆◆

7.1 $X_1, X_2, \ldots, X_n$ を無作為標本, $c_1, c_2, \ldots, c_n$ を $c_1 + c_2 + \cdots + c_n = 1$ をみたす正の実数とする.

(1) $Y_n = \sum_{i=1}^{n} c_i X_i$ とおくと，Y_n が母平均に対する不偏推定量であることを示せ．

(2) Y_n の分散は標本平均の分散以上であり，等号が成り立つのは $c_i = \dfrac{1}{n}$ $(i = 1, 2, \dots, n)$ のときに限ることを示せ．

7.2 母集団は正規母集団 $N(m, \sigma^2)$ とするとき，次に答えよ．

(1) 定理 6.5 を用いて，大きさ n の無作為標本に対する不偏分散の分散を求めよ．

(2) 不偏分散が母分散に対する一致推定量であることを示せ．

7.3 例 7.2 の主張の証明を完成させよ．

7.4 性質 A をもっているかどうかで決まる二項母集団から大きさ n の無作為標本を 2 度抽出し，1 回目 r_1，2 回目 r_2 が性質 A をもっていたとする．

(1) 1 回目のデータに基づく母比率の最尤推定値が $\dfrac{r_1}{n}$ であることを示せ．

(2) 2 回のデータを用いた場合の母比率の最尤推定値は何か．

7.5 池の中にいる魚の数 N を推定するために，まず r 匹を捕らえて印を付けて放し，次に無作為に n 匹を捕らえる．n 匹中の印の付いた魚が x であったとき，N に対する最尤推定値を求めよ．

7.6 ある新聞社が世論調査したところ，内閣支持率が 48% であった．調査対象が 1800 人であったとき，有権者中の内閣支持率に対する信頼度 95%，99% の信頼区間を求めよ．

7.7 母分散の値が既知の正規母集団 $N(m, \sigma^2)$ から大きさ n の無作為標本を抽出して母平均に対する区間推定を行う．信頼度 95% の信頼区間の幅を 0.2 以下にしたい．標本はどの程度必要か．母分散 σ^2 を用いて表せ．

7.8 正規母集団 $N(m, \sigma^2)$ から大きさ 400 の無作為標本を抽出したところ，標本平均が 62.3 であった．

(1) 母分散の値が $\sigma^2 = 16^2$ と既知のとき，母平均に対する信頼度 90%，95% の信頼区間を求めよ．

(2) 母分散の値が未知なので不偏分散を計算したところ，${u_0}^2 = 196$ であったとする．このとき，母平均に対する信頼度 90%，95% の信頼区間を求めよ．

7.9 ある睡眠薬を 25 人に投与したところ，睡眠時間の増加が平均 40 分あり，不偏分散が 16^2 であった．睡眠時間の増加の平均に対する信頼度 90% の信頼区間を求めよ．

7.10 母分散が既知の 2 つの正規母集団 $N(m_1, {\sigma_1}^2)$，$N(m_2, {\sigma_2}^2)$ の母平均の差 $m_1 - m_2$ について考える．それぞれの母集団から大きさ n_1, n_2 の標本，$x_1, x_2, \dots, x_{n_1}, y_1, y_2, \dots, y_{n_2}$ を抽出したとき，$m_1 - m_2$ に対する信頼度 95% の信頼区間を作れ．

7.11 新しい農場の一画で収穫されるラフランス 25 個の重さを測定したところ，平均が 435 g，不偏分散が 40^2 であった．

(1) 標本分散を求めよ．

(2) 母平均に対する信頼度 95% の信頼区間を求めよ．

検定

この章では，検定 (統計的仮説検定) について述べる．検定では，仮説と呼ばれる仮定のもとで議論を行い，標本が仮定のもとでは得られにくいものであると判断されれば仮定が誤りであったと判定する．本章では，母平均，母分散に関する検定，および適合度の検定，独立性の検定について述べる．前章後半と同様に，3 節以降の各節において一般的な議論の前に具体的な例題をあげているので，イメージをもって読んでほしい．

§ 8.1 仮説の検定

内閣支持率が前回の調査時より上昇したとか下降したとか，全国的な統一試験においてある県の成績が全国平均より上であるといった報道をしばしば目にする．これらのように誤差があることを認識して考察する必要のあることに対して，統計的な考えに基づいて判断を与えるのが**検定**である．仮説 (仮定) をたてて議論するので**統計的仮説検定**ともいう．

この節では，検定の代表的な例を 1 つとり，検定の考え方を説明するとともに以後必要となることばなどを用意する．

あるテレビ番組の視聴率が，長い間 25% であったとする．ある週の視聴率が 27% となったとするとき，視聴率は変化したといってよいであろうか．ただし，調査は 600 世帯を対象に行ったとする．つまり，この番組を見ていたのは，調査対象の 600 軒中の 162 世帯であるとする．

検定では，まず，視聴率は変化していない，つまり 25% のままだと仮定する．そして，この場合であれば，S を二項分布 $B(600, 0.25)$ に従う確率変数として，S がその平均 150 から 12 ($162 - 150 = 12$) 以上離れる確率を考える．

この確率は，ド・モワブル-ラプラスの定理 (定理 5.7) より

$$P(|S - 150| \geqq 12) = P\Big(\frac{|S - 150|}{\sqrt{600 \cdot 0.25 \cdot 0.75}} \geqq \frac{11.5}{\sqrt{600 \cdot 0.25 \cdot 0.75}}\Big)$$

$$\fallingdotseq P\Big(\frac{|S - 150|}{\sqrt{600 \cdot 0.25 \cdot 0.75}} \geqq 1.08\Big) \fallingdotseq 0.28$$

と求めることができる.

　したがって，視聴率が変化していないという仮定のもとで，確率 0.28 の事象が起きたといえる. この事象は起こりにくいとはいえず，この調査結果から視聴率が変化したとは判断できない，ということになる.

　仮に，調査対象が 2500 世帯で，同じ視聴率 27%という結果が得られたとする. やはり視聴率は変化していないと仮定し，S' を二項分布 $B(2500, 0.25)$ に従う確率変数とする. 視聴率 27%ということは 2500 世帯中 675 世帯が視聴していたということであり，S' がその平均 625 から 50 以上離れる確率は

$$P(|S' - 625| \geqq 50) = P\Big(\frac{|S' - 625|}{\sqrt{2500 \cdot 0.25 \cdot 0.75}} \geqq \frac{49.5}{\sqrt{2500 \cdot 0.25 \cdot 0.75}}\Big)$$

$$\fallingdotseq P\Big(\frac{|S' - 625|}{\sqrt{2500 \cdot 0.25 \cdot 0.75}} \geqq 2.29\Big) \fallingdotseq 0.02$$

となる. つまり，視聴率が変化していないという仮定のもとではめったに起きない事象が起きたことになる. これは，得ている標本が母集団の縮図に近いとすれば，仮定が誤りであるということを意味すると考えられる. つまり，視聴率が変化したと判断するという結論が得られる.

　いずれの場合も，変化していないという仮定を否定して，変化したという結論を得ようとしたのである. このように，否定することを目的とした仮定を**帰無仮説**という. そして，上の 2500 世帯対象の調査の場合のように，帰無仮説を否定したとき帰無仮説を**棄却**したという. 600 世帯の場合のように否定できなかったとき，帰無仮説を**採択**したという. なお，採択ということばを用いるが，上の例からもわかるように，帰無仮説が正しいと主張しているのではない. 上の場合であれば，「このデータから変化したとはいえない」ということが結論である.

　帰無仮説を棄却した場合の議論は，$\sqrt{2}$ が無理数であることの証明などに用いられる背理法に似ている. しかし，確率 0.02 の事象がめったに起きないと

考えたから棄却という結論が得られたのであり，視聴率が27％という数字はたまたま得られたもので，変化していないという仮定は正しいかもしれない．つまり，正しい帰無仮説を棄却するという誤りを犯している可能性がある．

一般に，正しい帰無仮説を棄却するという誤りを**第1種の誤り**という．一方，正しくない帰無仮説を採択するという誤りを**第2種の誤り**という．

帰無仮説を棄却する根拠は，帰無仮説が正しいならば得られている標本はめったに現れないということである．このとき，小さいと判断される確率は検定を行う前に，目的に応じて決めておくべきである．この確率を**危険率**または**有意水準**という．通常，5％または1％にとる．

したがって，上に述べた標本数が2500の場合は，はじめに危険率を5％と定めておいたとすると，危険率5％で帰無仮説「視聴率は25％である」を棄却して視聴率は変化したという結論を得る．危険率を1％とするとこの場合でも帰無仮説は採択される．

ここまで，25％が27％になったことを「変化した」といってきた．これは，視聴率の変化に関する事前情報がないためである．このときは，母比率を p として，帰無仮説を

$$H : p = 0.25$$

と表すと，H を棄却したときに得られる結論は「$p \neq 0.25$」となる．このように，帰無仮説を棄却したときに得られる結論を**対立仮説**という．この場合は，帰無仮説 $p = 0.25$ を対立仮説 $p \neq 0.25$ に対して検定するといい，このような検定を**両側検定**という．

何らかの事前情報によって下降することがあり得ない場合は (次節の問8.1参照)，帰無仮説 $p = 0.25$ を対立仮説 $p > 0.25$ に対して検定する．上の例では，確率変数 S, S' と平均との差に関する確率を考えたが，確率変数が平均より ○○ 以上大きいという事象の確率を考えることになる．このような検定を**片側検定**という．上昇することがあり得ない場合も同様である．

これら2つの検定の方法は，次に述べる棄却域のとり方によって表すことができる．

上の例で，標本数が 600 の場合を考える．危険率を 5% とするとき，事前情報がないときは

$$P(|S - 150| \geqq \gamma) = 0.05$$

となる γ を求めると，$\dfrac{\gamma}{\sqrt{600 \cdot 0.25 \cdot 0.75}} = 1.96$ より $\gamma = 21$ となる．つまり，600 世帯中視聴していたのが 171 世帯以上または 129 世帯以下であれば，視聴率は変化していないという帰無仮説を棄却することになる．このような範囲を危険率 5% の**棄却域**という．

音楽番組に特別ゲストが出演する場合やシーズン終盤に近いスポーツ中継など，視聴率が下がることがあり得ないとしてよい場合は，上に述べたように片側検定を行う．この場合の棄却域は，

$$P(S - 150 \geqq \gamma') = 0.05$$

をみたす γ' を求めることで得られる．

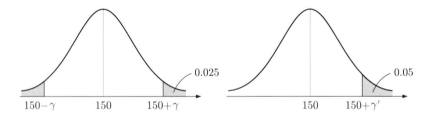

重要なことは，危険率 (有意水準) の設定やどちらの検定を行うかは，標本を見てから決めるのではなく，事前情報などに基づいて調査前に決めておくべきだということである．恣意的な議論により，都合のよい結論を導くべきではない．帰無仮説の棄却は判断を下すことになるが，あくまで統計的な結論であること，第 1 種の誤りを犯している可能性があることを忘れてはならない．採択した場合も同様である．

次節以降，いくつかの場合の検定について述べる．

§ 8.2 母比率の検定

前節において例として述べたので一部は繰り返しになるが，一般的な設定のもとで，母比率の検定について片側検定も合わせて述べる．

母集団が A に属するものとそうでないものの 2 つに分かれている二項母集団であるとし，A の母比率を p とする．このとき，帰無仮説 H

$$H : \ p = p_0$$

を危険率 α で検定する方法を述べる．α は通常，0.05 または 0.01 である．

大きさ n の無作為標本を抽出したとき，n_A 個が A に属していたとし $p_A = \dfrac{n_A}{n}$ とおく．前節の例では，$p_0 = 0.25$，$n = 600$（または 2500），$p_A = 0.27$ である．

帰無仮説が正しいとしてこの標本の現れにくさを考えるために，S_n を二項分布 $B(n, p_0)$ に従う確率変数とする．ド・モワブル-ラプラスの定理（定理 5.7）より，

$$Z_n = \frac{S_n - np_0}{\sqrt{np_0(1 - p_0)}} = \frac{\frac{S_n}{n} - p_0}{\sqrt{\frac{p_0(1 - p_0)}{n}}}$$

は標準正規分布に従うとしてよい．§ 7.3 と同様，$0 < \alpha < 1$ に対して正の数 $z(\alpha)$ を，標準正規分布に従う確率変数 T に対して

$$P(T > z(\alpha)) = \frac{\alpha}{2}$$

によって定め，$P(Z_n > a(\alpha)) = \dfrac{\alpha}{2}$ が成り立つと考える．

(a) 両側検定

事前情報がない場合は，帰無仮説 H を対立仮説 H_1，

$$H_1 : \ p \neq p_0$$

に対して検定する．

ド・モワブル-ラプラスの定理より，

$$P\left(\left| \frac{\frac{S_n}{n} - p_0}{\sqrt{\frac{p_0(1 - p_0)}{n}}} \right| > z(\alpha) \right) = \alpha$$

であるから，仮説 H のもとでは

$$\frac{S_n}{n} > p_0 + z(\alpha)\sqrt{\frac{p_0(1-p_0)}{n}} \quad \text{または} \quad \frac{S_n}{n} < p_0 - z(\alpha)\sqrt{\frac{p_0(1-p_0)}{n}}$$

をみたす標本は得られにくいと考えられる．したがって，

$$p_\mathrm{A} > p_0 + z(\alpha)\sqrt{\frac{p_0(1-p_0)}{n}} \quad \text{または} \quad p_\mathrm{A} < p_0 - z(\alpha)\sqrt{\frac{p_0(1-p_0)}{n}}$$

であれば，危険率 α で帰無仮説 H を棄却して，$p \neq p_0$ と判定する．

一方，

$$p_0 - z(\alpha)\sqrt{\frac{p_0(1-p_0)}{n}} < p_\mathrm{A} < p_0 + z(\alpha)\sqrt{\frac{p_0(1-p_0)}{n}}$$

であれば，仮説 H は採択される．

(b) 片側検定

$p < p_0$ は起こりえないという事前情報がある場合を述べる．$p > p_0$ が起こりえない場合も同様であるので，省略する．

この場合は，帰無仮説 H を次の対立仮説 H_2 に対して検定する：

$$H_2 : \ p > p_0$$

ド・モワブル-ラプラスの定理より，

$$P\left(\frac{S_n}{n} - p_0 > z(2\alpha)\sqrt{\frac{p_0(1-p_0)}{n}}\right) = \alpha$$

であり，標本中の A に属する標本の割合が $p_0 + z(2\alpha)\sqrt{\dfrac{p_0(1-p_0)}{n}}$ より大きい標本は，仮説 H が正しいならば得られにくいと考えられる．したがって，

$$p_\mathrm{A} > p_0 + z(2\alpha)\sqrt{\frac{p_0(1-p_0)}{n}}$$

であれば，危険率 α で仮説 H を棄却して $p > p_0$ と判定する．

一方，

$$p_\mathrm{A} < p_0 + z(2\alpha)\sqrt{\frac{p_0(1-p_0)}{n}}$$

であれば，H は採択される．

> **問 8.1**　ある音楽番組の視聴率は安定していて，毎週 30%であった．ある週に，国際的な大物歌手が出演したところ，34%であった．この週の視聴率が，普段より高かったかどうか検定する．ただし，標本数は 600 であったとする．
> (1) 検定する帰無仮説は何か．
> (2) 危険率 5%で検定せよ．
> (3) 危険率 5%，1%の棄却域を求めよ．

　帰無仮説 $H : p = p_0$ を棄却するのは，標本における比率 p_A と仮説の示す母比率の値 p_0 の間に偶然には起こらないと思われる差がある，つまり，この差が起きたことには何らかの原因があると判断した場合である．したがって，このとき p_A と p_0 の間には**有意差**があるという．そして，危険率を**有意水準**ともいう．

§ 8.3　母平均の検定 I

　正規母集団 $N(m, \sigma^2)$ の母分散 σ^2 の値は既知として，母平均に関する帰無仮説 H，

$$H : \quad m = m_0$$

に対する検定を考える．

例題 8.1

　ある工場で製造されているある種のボルトの長さは，平均 5.0 cm，分散 $(0.15)^2$ であるとされている．定期検査で 20 本無作為に選んで調べたところ平均が 4.93 cm であった．調整をする必要があるかどうか，危険率 5%で検定せよ．ただし，分散の値は変化していないとする．

---

　7 章と同様，$X_1, X_2, \ldots, X_n$ を正規母集団 $N(m, \sigma^2)$ からの無作為標本とし，$x_1, x_2, \ldots, x_n$ を実際の標本調査の結果とする．例題 8.1 で与えられたデータは，$\sigma = 0.15$, $n = 20$, $\overline{x}_{20} = \dfrac{1}{20} \sum_{i=1}^{20} x_i = 4.93$ である．

帰無仮説 H のもとで, 標本平均 $\overline{X}_n = \dfrac{1}{n} \displaystyle\sum_{i=1}^{n} X_i$ は正規分布 $N\left(m_0, \dfrac{\sigma^2}{n}\right)$ に従い (定理 6.1), その正規化

$$Z_n = \frac{\overline{X}_n - m_0}{\sqrt{\dfrac{\sigma^2}{n}}}$$

は標準正規分布 $N(0,1)$ に従う.

前節同様, $\alpha > 0$ に対して正の数 $z(\alpha)$ を次で定める:

$$P(Z_n > z(\alpha)) = \frac{\alpha}{2}.$$

(a) 両側検定

例題 8.1 のように事前情報がない場合は, 帰無仮説 H を対立仮説 H_1 :

$$H_1 : m \neq m_0$$

に対して検定する. 仮説 H のもとで

$$P\left(\left| \frac{\overline{X}_n - m_0}{\sqrt{\dfrac{\sigma^2}{n}}} \right| > z(\alpha)\right) = \alpha$$

であり, これは仮説 H が正しいとすると標本平均 $\overline{X}_n$ が

$$|\overline{X}_n - m_0| > z(\alpha)\sqrt{\frac{\sigma^2}{n}}$$

をみたすような標本は現れにくいことを示している.

したがって, 実際の標本の標本平均 $\overline{x}_n$ が

$$|\overline{x}_n - m_0| > z(\alpha)\sqrt{\frac{\sigma^2}{n}}$$

をみたしていれば, 危険率 α で帰無仮説 H を棄却して $m \neq m_0$ と判定する.

また,

$$|\overline{x}_n - m_0| < z(\alpha)\sqrt{\frac{\sigma^2}{n}}$$

であれば, 仮説 H は採択される.

▎問 **8.2**　例題 8.1 に対する解答を与えよ.

(b) 片側検定

$m < m_0$ が起こりえないことがわかっている場合を考える.

例題 8.2

　ある高校の数学の実力テストは，例年平均は 55 点，分散は $(12)^2$ である．ある年度に，1 クラス 50 人に対してテスト前の補習を行ったところ平均が 58 点となった．この結果から補習の成果はあったといえるかどうか，危険率 5%で検定せよ．ただし，分散は変化していないものとする．

帰無仮説 H を対立仮説 H_2：

$$H_2: \ m > m_0$$

に対して検定する．仮説 H のもとで

$$P\left(\frac{\overline{X}_n - m_0}{\sqrt{\frac{\sigma^2}{n}}} > z(2\alpha)\right) = \alpha$$

であり，仮説 H が正しいとすると標本平均 $\overline{X}_n$ が $m_0 + z(2\alpha)\sqrt{\dfrac{\sigma^2}{n}}$ より大きい標本は現れにくいと考える.

　したがって，実際の標本の標本平均 $\overline{x}_n$ が

$$\overline{x}_n - m_0 > z(2\alpha)\sqrt{\frac{\sigma^2}{n}}$$

をみたしていれば，危険率 α で帰無仮説 H を棄却して $m > m_0$ と判定する.

　また,

$$\overline{x}_n < m_0 + z(2\alpha)\sqrt{\frac{\sigma^2}{n}}$$

であれば，仮説 H は採択される.

問 8.3 例題 8.2 に対する解答を与えよ.

§ 8.4 母平均の検定 II

母分散の値が未知である正規母集団 $N(m, \sigma^2)$ に対して，帰無仮説 H

$$H : m = m_0$$

を検定する方法を述べる．

例題 8.3

平均寿命が 2000 時間と公表されている蛍光灯がある．ある消費者団体が 10 本を無作為に選んで調べたところ，1980 時間のものが 3 本，1990 時間のものが 4 本，2000 時間のものが 3 本であったという．公表されている数値に誤りがあるといってよいか，危険率 5% で検定せよ．

前節同様，$X_1, X_2, \ldots, X_n$ を正規母集団 $N(m_0, \sigma^2)$ からの無作為標本とし，$\overline{X}_n, s^2, u^2$ をそれぞれ標本平均，標本分散，不偏分散とする：

$$\overline{X}_n = \frac{1}{n} \sum_{i=1}^{n} X_i, \quad s^2 = \frac{1}{n} \sum_{i=1}^{n} (X_i - \overline{X}_n)^2, \quad u^2 = \frac{1}{n-1} \sum_{i=1}^{n} (X_i - \overline{X}_n)^2.$$

このとき，統計量 t を

$$t = \frac{\overline{X}_n - m_0}{\sqrt{\frac{s^2}{n-1}}} = \frac{\overline{X}_n - m_0}{\sqrt{\frac{u^2}{n}}}$$

によって定義すると，帰無仮説 H のもとで t は自由度 $n-1$ の t 分布に従う（定理 6.10）．

§ 7.3 と同様に，危険率 α に対して

$$P(t > t_{n-1}(\alpha)) = \frac{\alpha}{2}$$

によって定める．

実際に大きさ n の無作為標本 $x_1, x_2, \ldots, x_n$ を抽出したとし，標本平均を $\overline{x}_n$，不偏分散を $u_0{}^2$ とする．上の例題 8.3 では，$n = 10$, $\overline{x}_{10} = 1990$,

$$u_0{}^2 = \frac{1}{9}\Big(3(1980 - 1990)^2 + 4(1990 - 1990)^2 + 3(2000 - 1990)^2\Big) = \frac{600}{9}$$

である．

(a) 両側検定

事前情報がない場合の検定であり，H を対立仮説 H_1：

$$H_1 : m \neq m_0$$

に対して検定する．

危険率を α とすると，

$$P\left(\left|\frac{\overline{X}_n - m_0}{\sqrt{\frac{u^2}{n}}}\right| > t_{n-1}(\alpha)\right) = \alpha$$

である．つまり，H が正しいとすると，標本平均と不偏分散が

$$|\overline{X}_n - m_0| > t_{n-1}(\alpha)\sqrt{\frac{u^2}{n}}$$

をみたすような標本は現れにくいと考える．

したがって，実際のデータの標本平均 $\overline{x}_n$，不偏分散 $u_0{}^2$ に対して

$$|\overline{x}_n - m_0| > t_{n-1}(\alpha)\sqrt{\frac{u_0{}^2}{n}}$$

が成り立っていれば危険率 α で帰無仮説 H を棄却して $m \neq m_0$ と判定する．

また，

$$|\overline{x}_n - m_0| < t_{n-1}(\alpha)\sqrt{\frac{u_0{}^2}{n}}$$

であれば，標本平均 $\overline{x}_n$ と m_0 との差は大きくないと考えて H を採択する．

▌**問 8.4**　例題 8.3 に対する解答を与えよ．

(b) 片側検定

$m < m_0$ は起こりえないという事前情報がある場合を考える．このときは，H を対立仮説 H_2：

$$H_2 : m > m_0$$

に対して検定する．

危険率を α とすると,

$$P\left(\frac{\overline{X}_n - m_0}{\sqrt{\frac{u^2}{n}}} > t_{n-1}(2\alpha)\right) = \alpha$$

であり,H が正しいとすると,標本平均と不偏分散が

$$\overline{X}_n - m_0 > t_{n-1}(2\alpha)\sqrt{\frac{u^2}{n}}$$

をみたすような標本は現れにくいと考える.

したがって,実際のデータの標本平均 $\overline{x}_n$,不偏分散 $u_0{}^2$ に対して

$$\overline{x}_n - m_0 > t_{n-1}(2\alpha)\sqrt{\frac{u_0{}^2}{n}}$$

が成り立っていれば危険率 α で帰無仮説 H を棄却して $m > m_0$ と判定する.

また,

$$\overline{x}_n - m_0 < t_{n-1}(2\alpha)\sqrt{\frac{u_0{}^2}{n}}$$

であれば,H を採択する.

> **問 8.5** ある作業には従来 15 分の所要時間がかかっていた.作業能率を上げるという方法を導入して 10 回作業したところ,所要時間が
>
> 　　14.4, 14.7, 15.2, 14.9, 14.4, 15.3, 14.4, 14.6, 15.3, 14.3 (分)
>
> であった.作業能率は上がったといえるか,危険率 5% で検定せよ.

§8.5　母比率の差の検定

2 つの母集団が,ある性質に関して同じかどうかを,標本調査の結果に基づいて検定する方法を述べる.

例題 8.4

　ある病気に対する新薬の開発のために病気にさせたマウスに対して,120 匹には U という薬品を与え,80 匹には V という薬品を与えた.結果は,それぞれ 60 匹,24 匹のマウスに対して薬の効果が認められた.U の方が効果が高いと判定することはできるか.危険率 5% で検定せよ.

2つの二項母集団 Π_1, Π_2 の中で，性質 A をもつものの母比率をそれぞれ p_1, p_2 とするとき，帰無仮説

$$H : p_1 = p_2$$

を検定する方法を考える．

このために大きさ n_1, n_2 の無作為標本をそれぞれから抽出したとし，そのうち性質 A をもつものの割合が $p_{1,0},\ p_{2,0}$ であったとする．例題8.4であれば，薬の効果があるという性質が A であり，$n_1 = 120,\ n_2 = 80,\ p_{1,0} = \dfrac{60}{120},\ p_{2,0} = \dfrac{24}{80}$ である．

ここで，S_1, S_2 をそれぞれ二項分布 $B(n_1, p_1),\ B(n_2, p_2)$ に従う独立な確率変数として，

$$\overline{p}_1 = \frac{S_1}{n_1}, \quad \overline{p}_2 = \frac{S_2}{n_2}$$

とおく．$\overline{p}_1, \overline{p}_2$ はそれぞれ正規分布 $N\Big(p_1, \dfrac{p_1(1-p_1)}{n_1}\Big),\ N\Big(p_2, \dfrac{p_2(1-p_2)}{n_2}\Big)$ に従い，したがって $\overline{p}_1 - \overline{p}_2$ は $N\Big(p_1 - p_2, \dfrac{p_1(1-p_1)}{n_1} + \dfrac{p_2(1-p_2)}{n_2}\Big)$ に従うと考えてよい．

検定を行うためには，$p_1 = p_2$ の推定値が必要である．これは2つの標本調査の結果を合わせたときの比率 p_0 を用いる：

$$p_0 = \frac{n_1 p_{1,0} + n_2 p_{2,0}}{n_1 + n_2}.$$

よって，仮説 H のもとでは，$\overline{p}_1 - \overline{p}_2$ は正規分布 $N\Big(0, \Big(\dfrac{1}{n_1} + \dfrac{1}{n_2}\Big) p_0(1 - p_0)\Big)$ に従うと考える．

(a) 両側検定

帰無仮説 H を対立仮説 H_1：

$$H_1 : p_1 \neq p_2$$

に対して検定する．

危険率 α に対して,

$$P\left(|\overline{p}_1 - \overline{p}_2| > z(\alpha)\sqrt{\left(\frac{1}{n_1} + \frac{1}{n_2}\right)p_0(1-p_0)}\right) = \alpha$$

である. これまでの検定と同様の議論により, 実際のデータに対して

$$|p_{1,0} - p_{2,0}| > z(\alpha)\sqrt{\left(\frac{1}{n_1} + \frac{1}{n_2}\right)p_0(1-p_0)}$$

が成り立つならば, $p_{1,0}$ と $p_{2,0}$ の差は有意であると考えて, 危険率 α で帰無仮説 H を棄却して $p_1 \neq p_2$ と判定する. また,

$$|p_{1,0} - p_{2,0}| < z(\alpha)\sqrt{\left(\frac{1}{n_1} + \frac{1}{n_2}\right)p_0(1-p_0)}$$

であれば, H を採択する.

> **問 8.6**　例題 8.4 に対して, 解答を与えよ.

(b) 片側検定

帰無仮説 H を対立仮説 H_1:

$$H_1:\ p_1 > p_2$$

に対して検定する.

危険率 α に対して,

$$P\left(\overline{p}_1 - \overline{p}_2 > z(2\alpha)\sqrt{\left(\frac{1}{n_1} + \frac{1}{n_2}\right)p_0(1-p_0)}\right) = \alpha$$

である. 実際のデータに対して

$$p_{1,0} - p_{2,0} > z(2\alpha)\sqrt{\left(\frac{1}{n_1} + \frac{1}{n_2}\right)p_0(1-p_0)}$$

が成り立つならば, $p_{1,0}$ と $p_{2,0}$ の差は有意であると考えて, 危険率 α で帰無仮説 H を棄却して $p_1 > p_2$ と判定する. また,

$$p_{1,0} - p_{2,0} < z(2\alpha)\sqrt{\left(\frac{1}{n_1} + \frac{1}{n_2}\right)p_0(1-p_0)}$$

であれば, H を採択する.

§ 8.6 母平均の差の検定 I

2 つの母集団の母平均が一致しているかどうかを検定する方法を述べる. 本節では, 母分散の値は既知とする.

例題 8.5

平均的には同じ学力をもつと思われる A 高校と B 高校で数学の試験をしたところ, それぞれ受験者 150 人, 200 人に対して平均が 60 点, 65 点であった. 差ができたといえるか. 危険率 5% で検定せよ. ただし, 過去のデータからそれぞれの母分散は $(15)^2, (12)^2$ とわかっているとする.

母集団 $N(m_1, \sigma_1{}^2), N(m_2, \sigma_2{}^2)$ に対する次の帰無仮説 H を検定する:

$$H : m_1 = m_2.$$

ここでは, 無作為標本を 2 つの母集団から抽出する. それぞれの母集団からの実際の標本調査の結果を, $x_1, x_2, \ldots, x_{n_1}$ および $y_1, y_2, \ldots, y_{n_2}$ とする. また, 無作為標本を $X_1, X_2, \ldots, X_{n_1}$ および $Y_1, Y_2, \ldots, Y_{n_2}$ とする.

このとき, 標本平均 $\overline{X}_{n_1}, \overline{Y}_{n_2}$,

$$\overline{X}_{n_1} = \frac{1}{n_1} \sum_{i=1}^{n_1} X_i, \qquad \overline{Y}_{n_2} = \frac{1}{n_2} \sum_{i=1}^{n_2} Y_i$$

は, それぞれ正規分布 $N\left(m_1, \frac{\sigma_1{}^2}{n_1}\right), N\left(m_2, \frac{\sigma_2{}^2}{n_2}\right)$ に従う (定理 6.1) から, 仮説 H のもとでは, 統計量

$$Z = \frac{\overline{X}_{n_1} - \overline{Y}_{n_2}}{\sqrt{\frac{\sigma_1{}^2}{n_1} + \frac{\sigma_2{}^2}{n_2}}}$$

は標準正規分布 $N(0, 1)$ に従う確率変数となる.

危険率 α に対して, 正の数 $z(\alpha)$ を $P(Z > z(\alpha)) = \frac{\alpha}{2}$ で定める.

(a) 両側検定

仮説 H のもとでは,

$$|\overline{X}_{n_1} - \overline{Y}_{n_2}| > z(\alpha) \sqrt{\frac{\sigma_1{}^2}{n_1} + \frac{\sigma_2{}^2}{n_2}}$$

をみたす標本は現れにくいと考える．したがって，

$$|\overline{x}_{n_1} - \overline{y}_{n_2}| > z(\alpha)\sqrt{\frac{\sigma_1{}^2}{n_1} + \frac{\sigma_2{}^2}{n_2}}$$

であれば，$\overline{x}_{n_1}$ と $\overline{y}_{n_1}$ の差は大きいと判断して危険率 α で帰無仮説 H を棄却し，$m_1 \neq m_2$ と判定する．また，

$$|\overline{x}_{n_1} - \overline{y}_{n_2}| < z(\alpha)\sqrt{\frac{\sigma_1{}^2}{n_1} + \frac{\sigma_2{}^2}{n_2}}$$

であれば，$\overline{x}_{n_1}$ と $\overline{y}_{n_1}$ の差は大きいとはいえず，H を採択する．

(b) 片側検定

$m_1 < m_2$ が起こりえないという事前情報のもとで，帰無仮説 H を対立仮説 $m_1 > m_2$ に対して検定する場合を考える．

仮説 H のもとでは，

$$P\left(\overline{X}_{n_1} - \overline{Y}_{n_2} > z(2\alpha)\sqrt{\frac{\sigma_1{}^2}{n_1} + \frac{\sigma_2{}^2}{n_2}}\right) = \alpha$$

であり，

$$\overline{X}_{n_1} - \overline{Y}_{n_2} > z(2\alpha)\sqrt{\frac{\sigma_1{}^2}{n_1} + \frac{\sigma_2{}^2}{n_2}}$$

をみたす標本は現れにくいと考える．したがって，

$$\overline{x}_{n_1} - \overline{y}_{n_2} > z(2\alpha)\sqrt{\frac{\sigma_1{}^2}{n_1} + \frac{\sigma_2{}^2}{n_2}}$$

であれば，危険率 α で帰無仮説 H を棄却して $m_1 > m_2$ と判定する．また，

$$\overline{x}_{n_1} - \overline{y}_{n_2} < z(2\alpha)\sqrt{\frac{\sigma_1{}^2}{n_1} + \frac{\sigma_2{}^2}{n_2}}$$

であれば，$\overline{x}_{n_1}$ と $\overline{y}_{n_1}$ の差は大きいとはいえず，H を採択する．

問 8.7　例題 8.5 に対する解答を与えよ．

§ 8.7   母平均の差の検定 II

母分散の値が未知の 2 つの母集団の母平均が一致しているかどうかを検定する方法を述べる．ここでは 2 つの母集団の母分散は未知とするが，一致していると仮定し σ^2 と書く．必要なら，§ 8.9 に述べる等分散の検定を行えばよい．等分散と仮定できない場合は，次節のウェルチの近似的な方法が用いられる．

例題 8.6

A 組，B 組それぞれ 60 人ずつに数学の試験をしたところ，平均点がそれぞれ 60 点，65 点，標本の不偏分散が $(15)^2, (12)^2$ であった．B 組の方が成績がよいといってよいか．危険率 5% で判定せよ．

母集団 $N(m_1, \sigma^2)$, $N(m_2, \sigma^2)$ に対する次の帰無仮説を検定する：

$$H : m_1 = m_2.$$

無作為標本を 2 つの母集団から抽出する．それぞれの母集団からの実際の標本調査の結果を，$x_1, x_2, \ldots, x_{n_1}$ および $y_1, y_2, \ldots, y_{n_2}$ とする．また，無作為標本を $X_1, X_2, \ldots, X_{n_1}$ および $Y_1, Y_2, \ldots, Y_{n_2}$ とする．

このとき，標本平均 $\overline{X}_{n_1} = (X_1 + \cdots + X_{n_1})/n_1$, $\overline{Y}_{n_2} = (Y_1 + \cdots + Y_{n_2})/n_2$ は，それぞれ正規分布 $N\left(m_1, \dfrac{\sigma^2}{n_1}\right)$, $N\left(m_2, \dfrac{\sigma^2}{n_2}\right)$ に従う（定理 6.1）から，仮説 H のもとで

$$Z = \frac{\overline{X}_{n_1} - \overline{Y}_{n_2}}{\sqrt{\dfrac{\sigma^2}{n_1} + \dfrac{\sigma^2}{n_2}}}$$

は標準正規分布 $N(0, 1)$ に従う．

また，それぞれの標本の不偏分散を，$u_X{}^2$, $u_Y{}^2$ とする：

$$u_X{}^2 = \frac{1}{n_1 - 1} \sum_{i=1}^{n_1} (X_i - \overline{X}_{n_1})^2, \qquad u_Y{}^2 = \frac{1}{n_2 - 1} \sum_{i=1}^{n_2} (Y_i - \overline{Y}_{n_2})^2.$$

定理 6.5 より，

$$\frac{(n_1 - 1)u_X{}^2}{\sigma^2}, \qquad \frac{(n_2 - 1)u_Y{}^2}{\sigma^2}$$

は，それぞれ自由度 $n_1 - 1, n_2 - 1$ のカイ2乗分布に従い，独立である．さらに，カイ2乗分布の意味を考えると，これらの和は自由度 $n_1 + n_2 - 2$ のカイ2乗分布に従うことがわかる．また，補題6.6より，これらは Z と独立である．

したがって，帰無仮説 H のもとで，統計量

$$t = \frac{\frac{\overline{X}_{n_1} - \overline{Y}_{n_2}}{\sqrt{\frac{\sigma^2}{n_1} + \frac{\sigma^2}{n_2}}}}{\sqrt{\frac{(n_1-1)u_X{}^2 + (n_2-1)u_Y{}^2}{(n_1+n_2-2)\sigma^2}}} = \frac{\overline{X}_{n_1} - \overline{Y}_{n_2}}{\sqrt{\left(\frac{1}{n_1} + \frac{1}{n_2}\right)\frac{(n_1-1)u_X{}^2 + (n_2-1)u_Y{}^2}{(n_1+n_2-2)}}}$$

は，自由度 $n_1 + n_2 - 2$ の t 分布に従う (定理6.9)．

(a) 両側検定

仮説 H のもとでは，

$$|\overline{X}_{n_1} - \overline{Y}_{n_2}| > t_{n_1+n_2-2}(\alpha)\sqrt{\left(\frac{1}{n_1} + \frac{1}{n_2}\right)\frac{(n_1-1)u_X{}^2 + (n_2-1)u_Y{}^2}{(n_1+n_2-2)}}$$

をみたす標本の現れる確率は α で現れにくいと考える．したがって，

$$|\overline{x}_{n_1} - \overline{y}_{n_2}| > t_{n_1+n_2-2}(\alpha)\sqrt{\left(\frac{1}{n_1} + \frac{1}{n_2}\right)\frac{(n_1-1)u_x{}^2 + (n_2-1)u_y{}^2}{(n_1+n_2-2)}}$$

であれば，$\overline{x}_{n_1}$ と $\overline{y}_{n_1}$ の差は大きいと判断して危険率 α で帰無仮説 H を棄却し，$m_1 \neq m_2$ と判定する．また，

$$|\overline{x}_{n_1} - \overline{y}_{n_2}| < t_{n_1+n_2-2}(\alpha)\sqrt{\left(\frac{1}{n_1} + \frac{1}{n_2}\right)\frac{(n_1-1)u_x{}^2 + (n_2-1)u_y{}^2}{(n_1+n_2-2)}}$$

であれば，$\overline{x}_{n_1}$ と $\overline{y}_{n_2}$ の差は大きいとはいえず，H を採択する．

(b) 片側検定

$m_1 < m_2$ が起こりえないという事前情報のもとで，帰無仮説 H を対立仮説 $m_1 > m_2$ に対して検定する場合を考える．

仮説 H のもとでは，

$$\overline{X}_{n_1} - \overline{Y}_{n_2} > t_{n_1+n_2-2}(2\alpha)\sqrt{\left(\frac{1}{n_1} + \frac{1}{n_2}\right)\frac{(n_1-1)u_X{}^2 + (n_2-1)u_Y{}^2}{(n_1+n_2-2)}}$$

をみたす標本の現れる確率は α で，このような標本は現れにくいと考える．し
たがって，

$$\overline{x}_{n_1} - \overline{y}_{n_2} > t_{n_1+n_2-2}(2\alpha)\sqrt{\left(\frac{1}{n_1} + \frac{1}{n_2}\right)\frac{(n_1-1)u_x{}^2 + (n_2-1)u_y{}^2}{(n_1+n_2-2)}}$$

であれば，$\overline{x}_{n_1}$ と $\overline{y}_{n_1}$ の差は大きいと判断して危険率 α で帰無仮説 H を棄却
し，$m_1 > m_2$ と判定する．また，

$$\overline{x}_{n_1} - \overline{y}_{n_2} < t_{n_1+n_2-2}(2\alpha)\sqrt{\left(\frac{1}{n_1} + \frac{1}{n_2}\right)\frac{(n_1-1)u_x{}^2 + (n_2-1)u_y{}^2}{(n_1+n_2-2)}}$$

であれば，$\overline{x}_{n_1}$ と $\overline{y}_{n_2}$ の差は大きいとはいえず，H を採択する．

問 8.8 例題 8.6 に対する解答を与えよ．ただし，母分散は等しいとしてよい．

§ 8.8 母平均の差の検定 III (ウェルチの方法)

母分散の値が未知である 2 つの正規母集団 $N(m_1, \sigma_1{}^2)$, $N(m_2, \sigma_2{}^2)$ に対し
て，帰無仮説 $H : m_1 = m_2$ を検定する問題 (ベーレンス・フィッシャー問題)
に対するウェルチの方法を述べる．

例題 8.7

　ある大学の R 学部の理科の入試問題は，物理と化学の選択であり，難
易度を揃える努力を大学は行っている．ある年の入学試験において，ある
受験室におけるデータを集計したところ，物理を選択した受験生が 40 名
でその平均が 62.0 点，不偏分散が $(12.1)^2$ であり，化学を選択した受験生
が 60 名でその平均が 65.0 点，不偏分散が $(7.2)^2$ であった．このデータ
から全体の平均について差があるといえるかどうか，危険率 5% で検定せ
よ．ただし，試験の成績は正規分布に従うものとして考える．

　$X_1, X_2, \ldots, X_{n_1}$ を正規母集団 $N(m_1, \sigma_1{}^2)$ からの大きさ n_1 の無作為標本，
$Y_1, Y_2, \ldots, Y_{n_2}$ を正規母集団 $N(m_2, \sigma_2{}^2)$ からの大きさ n_2 の無作為標本と
し，前節と同じ記号を用いて，それぞれの標本平均を $\overline{X}_{n_1}, \overline{Y}_{n_2}$，不偏分散を

$u_X{}^2, u_Y{}^2$ とする．母分散 $\sigma_1{}^2, \sigma_2{}^2$ は未知とする．

このとき，

$$\ell = \frac{(\frac{u_X{}^2}{n_1} + \frac{u_Y{}^2}{n_2})^2}{\frac{u_X{}^4}{n_1{}^2(n_1-1)} + \frac{u_Y{}^4}{n_2{}^2(n_2-1)}} \tag{8.1}$$

とおくと，統計量

$$t = \frac{\overline{X}_{n_1} - \overline{Y}_{n_2}}{\sqrt{\frac{u_X{}^2}{n_1} + \frac{u_Y{}^2}{n_2}}}$$

が自由度 ℓ の t 分布に従うとしてよいことが知られている．ただし，一般に ℓ は整数とは限らず，整数でない場合はその整数部分を自由度とする．この場合の整数部分も ℓ と書くことにする．

以上の準備のもとで，ℓ, t に実際にデータの値を代入して得られる値を ℓ_0, t_0 とすると，これまでの検定の考え方と同様に次を得る．

(a) 両側検定

$|t_0| > t_{\ell_0}(\alpha)$ であれば危険率 α で H を棄却して $m_1 \neq m_2$ と判定する．

(b) 片側検定

対立仮説 $m_1 > m_2$ とする片側検定を行う場合は，$t_0 > t_{\ell_0}(2\alpha)$ であれば危険率 α で H を棄却し，$m_1 > m_2$ と判定する．

▎**問 8.9** 例題 8.7 に対する解答を与えよ．

ウェルチの方法に現れる t 分布の自由度 ℓ について述べておく．このために，

$$\Sigma^2 = \frac{\sigma_1^2}{n_1} + \frac{\sigma_2^2}{n_2}, \quad U^2 = \frac{u_X{}^2}{n_1} + \frac{u_Y{}^2}{n_2}$$

とおき，次の統計量 t を考える：

$$t = \frac{\overline{X}_{n_1} - \overline{Y}_{n_2}}{\sqrt{\frac{u_X{}^2}{n_1} + \frac{u_Y{}^2}{n_2}}} = \frac{(\overline{X}_{n_1} - \overline{Y}_{n_2})/\Sigma}{\sqrt{U^2/\Sigma^2}}.$$

分子の $(\overline{X}_{n_1} - \overline{Y}_{n_2})/\varSigma$ は §8.6 でも述べたように標準正規分布 $N(0,1)$ に従い，また，分母の U^2 と独立である (補題 6.6).

分母の $U^2/\varSigma^2$ を，自由度 ℓ の χ^2 分布に従う確率変数 $\chi_\ell{}^2$ を用いて $\chi_\ell{}^2/\ell$ という形の確率変数で近似して置き換えるのがウェルチの考えである．平均を考えると，$E[\chi_\ell{}^2] = \ell$ であり，$u_X{}^2, u_Y{}^2$ は，それぞれ $\sigma_1{}^2, \sigma_2{}^2$ の不偏推定量だから，

$$E\Big[\frac{U^2}{\varSigma^2}\Big] = \frac{1}{\varSigma^2}\Big(\frac{E[u_X{}^2]}{n_1} + \frac{E[u_Y{}^2]}{n_2}\Big) = 1, \qquad E\Big[\frac{\chi_\ell{}^2}{\ell}\Big] = 1$$

となって，平均は一致している．

そこで，$U^2/\varSigma^2$ と $\chi_\ell{}^2/\ell$ の分散が一致するように ℓ を定める．章末問題 6.1 より $\chi_\ell{}^2$ の分散は $V[\chi_\ell{}^2] = 2\ell$ なので，

$$V\Big[\frac{\chi_\ell{}^2}{\ell}\Big] = \frac{1}{\ell^2}V[\chi_\ell{}^2] = \frac{2}{\ell}$$

である．一方，$\displaystyle\sum_{i=1}^{n_1}((X_i - \overline{X}_{n_1})/\sigma_1)^2$ は自由度 n_1 の χ^2 分布に従うので，

$$V[u_X{}^2] = V\Big[\frac{1}{n_1 - 1}\sum_{i=1}^{n_1}(X_i - \overline{X}_{n_1})^2\Big] = V\Big[\frac{\sigma_1{}^2}{n_1 - 1}\sum_{i=1}^{n_1}\Big(\frac{X_i - \overline{X}_{n_1}}{\sigma_1}\Big)^2\Big]$$

$$= \Big(\frac{\sigma_1{}^2}{n_1 - 1}\Big)^2 2(n_1 - 1) = \frac{2\sigma_1{}^4}{n_1 - 1}$$

となる．$u_Y{}^2$ の分散も同様に $V[u_Y{}^2] = 2\sigma_2{}^4/(n_2 - 1)$ となり，$u_X{}^2$ と $u_Y{}^2$ は独立なので

$$V\Big[\frac{U^2}{\varSigma^2}\Big] = \frac{1}{\varSigma^4}\Big(\frac{1}{n_1{}^2}V[u_X{}^2] + \frac{1}{n_2{}^2}V[u_Y{}^2]\Big)$$

$$= \frac{1}{\varSigma^4}\Big(\frac{2\sigma_1{}^4}{n_1{}^2(n_1 - 1)} + \frac{2\sigma_2{}^4}{n_2{}^2(n_2 - 1)}\Big)$$

となる．したがって，ℓ を

$$\ell = \frac{\varSigma^4}{\frac{\sigma_1{}^4}{n_1{}^2(n_1-1)} + \frac{\sigma_2{}^4}{n_2{}^2(n_2-1)}} = \frac{\big(\frac{\sigma_1{}^2}{n_1} + \frac{\sigma_2{}^2}{n_2}\big)^2}{\frac{\sigma_1{}^4}{n_1{}^2(n_1-1)} + \frac{\sigma_2{}^4}{n_2{}^2(n_2-1)}}$$

とおけば，$U^2/\varSigma^2$ と $\chi_\ell{}^2/\ell$ の分散が一致する．

$\sigma_1{}^2, \sigma_2{}^2$ を，それぞれ不偏分散 $u_X{}^2, u_Y{}^2$ で置き換えたのが，(8.1) である．

§ 8.9 等分散の検定

2 つの正規母集団 $N(m_1, \sigma_1{}^2)$, $N(m_2, \sigma_2{}^2)$ の母分散に対する帰無仮説 H：

$$H : \sigma_1{}^2 = \sigma_2{}^2$$

の検定の方法を述べる.

それぞれの母集団からの実際の標本調査の結果を，$x_1, x_2, \ldots, x_{n_1}$ および $y_1, y_2, \ldots, y_{n_2}$ とする．また，無作為標本を $X_1, X_2, \ldots, X_{n_1}$ および $Y_1, Y_2, \ldots, Y_{n_2}$ とする．

標本平均を $\overline{X}_{n_1}, \overline{Y}_{n_2}$ とし，不偏分散を

$$u_X{}^2 = \frac{1}{n_1 - 1} \sum_{i=1}^{n_1} (X_i - \overline{X}_{n_1})^2, \quad u_Y{}^2 = \frac{1}{n_2 - 1} \sum_{i=1}^{n_2} (Y_i - \overline{Y}_{n_2})^2$$

とする．このとき，統計量

$$F = \frac{\sigma_2{}^2}{\sigma_1{}^2} \frac{u_X{}^2}{u_Y{}^2}$$

は，自由度 $n_1 - 1$, $n_2 - 1$ の F 分布に従う (定理 6.8).

よって，$F_1(\alpha)$, $F_2(\alpha)$ を

$$P(F < F_1(\alpha)) = \frac{\alpha}{2}, \quad P(F > F_2(\alpha)) = \frac{\alpha}{2}$$

によって定まる正の数とすると，帰無仮説 H のもとで

$$P\left(\frac{u_X{}^2}{u_Y{}^2} < F_1(\alpha)\right) = \frac{\alpha}{2}, \quad P\left(\frac{u_X{}^2}{u_Y{}^2} > F_2(\alpha)\right) = \frac{\alpha}{2}$$

が成り立つ．これから，実際の標本から計算される不偏分散 $u_{0X}{}^2$, $u_{0Y}{}^2$ に対して

$$\frac{u_{0X}{}^2}{u_{0Y}{}^2} < F_1(\alpha) \qquad または \qquad \frac{u_{0X}{}^2}{u_{0Y}{}^2} > F_2(\alpha)$$

が成り立つならば，危険率 α で H を棄却して $\sigma_1{}^2 \neq \sigma_2{}^2$ と判定し，

$$F_1(\alpha) < \frac{u_{0X}{}^2}{u_{0Y}{}^2} < F_2(\alpha)$$

が成り立つならば，H を採択する.

§ 8.10 適合度の検定

ある種類の花が色で分けられるように，母集団がいくつかの性質によって特徴付けられ分類されているとする．それぞれの部分集合の母比率の値に対する検定を，標本調査の結果に基づいて行う方法について述べる．

例題 8.8

日本人の血液型の人数比は，A，O，B，AB 型の順におおよそ 38%，31%，22%，9% である．ある職業についている人 200 人の血液型を調査したところ，それぞれ 60, 65, 57, 18 人で，A 型が少なく，B 型が多かった．この職業の中の比率は，国民全体の中の比率と異なっているといえるか．危険率 5% で検定せよ．

試行の結果が $A_1, A_2, \ldots, A_N$ $(N \geq 2)$ のいずれか 1 つの特徴をもつとし，それぞれの母比率を $p_1, p_2, \ldots, p_N$ $(p_1 + p_2 + \cdots + p_N = 1)$ とする．このとき，検定する仮説は

$$H : p_1 = p_1^0, \ p_2 = p_2^0, \ \ldots, \ p_N = p_N^0$$

である．例題 8.8 では，$N = 4$，$p_1^0 = 0.38$，$p_2^0 = 0.31$，$p_3^0 = 0.22$，$p_4^0 = 0.09$ である．

大きさ n の無作為標本を抽出したとし，A_i である標本の数を x_i $(i = 1, 2, \ldots, N)$ とする．例題 8.8 では，$n = 200$，$x_1 = 60$ などである．

x_i を**観測度数**，$n p_i^0$ を仮説 H のもとでの**期待度数**という．

	A_1	A_2	…………	A_N	計
観測度数	x_1	x_2		x_N	n
期待度数	$n p_1^0$	$n p_2^0$		$n p_N^0$	n

調べるべきことは，観測度数と期待度数が全体として大きく異なっているかどうかである．このために，$^t(X_1, X_2, \ldots, X_N)$ を確率分布が $r_1 + r_2 + \cdots + r_N = n$ をみたす 0 以上の整数 r_i に対して

$$P(X_1 = r_1, X_2 = r_2, \ldots, X_N = r_N)$$

$$= \frac{n!}{r_1! \, r_2! \cdots r_N!} (p_1^0)^{r_1} (p_2^0)^{r_2} \cdots (p_N^0)^{r_N}$$

で与えられる多項分布に従う N 次元確率ベクトルとする.

このとき,

$$\chi^2 = \sum_{i=1}^{N} \frac{(X_i - np_i^0)^2}{np_i^0}$$

によって定義される統計量 χ^2 は自由度 $N-1$ のカイ 2 乗分布に従うとしてよいことが知られている.拘束条件 $X_1 + X_2 + \cdots + X_N = n$ があり自由度が $N-1$ であること,右辺は X_i の正規化とは異なることに注意されたい.$N = 2$ のときは,$X_2 = n - X_1$, $p_2^0 = 1 - p_1^0$ より,

$$\chi^2 = \frac{(X_1 - np_1^0)^2}{np_1^0} + \frac{((n - X_1) - n(1 - p_1^0))^2}{n(1 - p_1^0)} = \frac{(X_1 - np_1^0)^2}{np_1^0(1 - p_1^0)}$$

となる.ド・モワブル-ラプラスの定理から $\dfrac{X_1 - np_1^0}{np_1^0(1 - p_1^0)}$ は標準正規分布に従うとしてよいので,上の χ^2 を考えると $N = 2$ のときは自由度 1 のカイ 2 乗分布が現れる.

危険率 α に対して $\chi_{N-1}{}^2(\alpha)$ を

$$P(\chi^2 > \chi_{N-1}{}^2(\alpha)) = \alpha$$

によって定める.これは,観測度数と期待度数の違いを正規化した統計量 χ^2 が $\chi_{N-1}{}^2(\alpha)$ より大きい標本

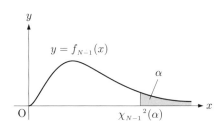

は仮説 H のもとではめったに現れないことを示している.

したがって,実際の観測度数に対して

$$\sum_{i=1}^{N} \frac{(x_i - np_i^0)^2}{np_i^0} > \chi_{N-1}{}^2(\alpha)$$

が成り立つならば危険率 α で H を棄却し,

$$\sum_{i=1}^{N} \frac{(x_i - np_i^0)^2}{np_i^0} < \chi_{N-1}{}^2(\alpha)$$

が成り立つならば H を採択する.

> **問 8.10**　例題 8.8 に対する解答を与えよ.

> **問 8.11**　ある種の花は, 色が赤, ピンク, 白で, これらの割合が $1:2:1$ といわれて
> いる. ある 1 週間に収穫した 500 本のうち, それぞれの本数が $143, 220, 137$(本)
> であった. この差は何らかの原因によるものだろうか. 危険率 5% で検定せよ.

　同様の方法で, 母集団分布がある確率分布であると考えてよいかどうかを検
定することができる. このとき, 検定する仮説は,

$$H : \text{母集団分布は確率密度 } f \text{ をもつ}$$

である.

　実数全体を $N+1$ 個の部分区間 $A_0 = (-\infty, a_1)$, $A_1 = [a_1, a_2), \ldots, A_{N-1} = [a_{N-1}, a_N)$, $A_N = [a_N, \infty)$ に分けて,

$$p_i^0 = \int_{A_i} f(x)\, dx \quad (i = 0, 1, 2, \ldots, N)$$

とおく.

　実際に大きさ n の無作為標本を抽出し, 値が A_i に属する標本の個数が x_i で
あったとする. 仮説 H のもとで, 値が A_i に属する標本の期待度数は np_i^0 で
ある.

　したがって, 上と同様に, 次の表を作ることができる:

	$\sim a_1$	$a_1 \sim a_2$	$\cdots \cdots \cdots$	$a_{N-1} \sim a_N$	$a_N \sim$	計
観測度数	x_0	x_1		x_{N-1}	x_N	n
期待度数	np_0^0	np_1^0		np_{N-1}^0	np_N^0	n

上述の多項分布, カイ 2 乗分布を用いた議論により,

$$\sum_{i=0}^{N} \frac{(x_i - np_i^0)^2}{np_i^0} > {\chi_N}^2(\alpha)$$

であれば危険率 α で仮説 H を棄却し, 逆の不等式が成り立つ場合は H を採択
する.

§ 8.11 独立性の検定

母集団の各要素が, $A_1, A_2, \ldots, A_M$ という性質のいずれかと, $B_1, B_2, \ldots, B_N$ という性質のいずれか 1 つずつをもつとする. このとき, A_i をもつことと B_j をもつことが独立であるかどうかを考える.

例題 8.9

男女 50 人ずつを対象に, ある政策に関する意見を調査したところ, 次のような結果であった.

	賛成	反対	計
男	33	17	50
女	21	29	50
計	54	46	100

この政策に関する賛否は男女に無関係であるといえるか. 危険率 5% で検定せよ.

性質 A_i と B_j をもつもの全体の母比率を p_{ij} $(i = 1, 2, \ldots, M\,;\, j = 1, 2, \ldots, N)$ とし,

$$p_i = \sum_{j=1}^{N} p_{ij}, \qquad q_j = \sum_{i=1}^{M} p_{ij}$$

とおく. p_i, q_j はそれぞれ性質 A_i, B_j をもつのの全体の母比率である.

検定する仮説は,

$$H : p_{ij} = p_i q_j \quad (i = 1, 2, \ldots, M\,;\, j = 1, 2, \ldots, N)$$

である.

実際に大きさ n の無作為標本を抽出したとし, その中の性質 A_i と B_j をもつ標本の数を x_{ij} とする. このとき, 次の**分割表**と呼ばれる表を作る.

	B$_1$	B$_2$	$\cdots\cdots\cdots$	B$_N$	計
A$_1$	x_{11}	x_{12}		x_{1N}	a_1
A$_2$	x_{21}	x_{22}		x_{2N}	a_2
$\vdots$					
A$_M$	x_{M1}	x_{M2}		x_{MN}	a_M
計	b_1	b_2		b_M	n

$^t(X_{11}, X_{12}, \ldots, X_{1N}, X_{21}, X_{22}, \ldots, X_{2N}, \ldots, X_{M1}, X_{M2}, \ldots, X_{MN})$ を

$$P(X_{ij} = r_{ij}) = {}_n\mathrm{C}_{r_{ij}}(p_{ij})^{r_{ij}}(1-p_{ij})^{n-r_{ij}} \quad (i = 1, 2, \ldots, M ; j = 1, 2, \ldots, N)$$

である多項分布に従う MN 次元確率ベクトルとすると，統計量

$$\kappa^2 = \sum_{i=1}^{M}\sum_{j=1}^{N} \frac{(X_{ij} - n\widehat{p}_i\widehat{q}_j)^2}{n\widehat{p}_i\widehat{q}_j}$$

は，n が十分大きいならば自由度 $L = (M-1)(N-1)$ のカイ 2 乗分布に従う
としてよい[1]．ただし，$\widehat{p}_i$, $\widehat{q}_j$ は，それぞれ標本中の A$_i$, B$_j$ をもつものの比率
である：

$$\widehat{p}_i = \frac{1}{n}\sum_{j=1}^{N} X_{ij}, \quad \widehat{q}_j = \frac{1}{n}\sum_{i=1}^{M} X_{ij}.$$

危険率 α に対して

$$P(\kappa^2 > \chi_L{}^2(\alpha)) = \alpha$$

をみたす $\chi_L{}^2(\alpha)$ をカイ 2 乗分布表から求め，

$$\widehat{p}_{i0} = \frac{1}{n}\sum_{j=1}^{N} x_{ij}, \quad \widehat{q}_{j0} = \frac{1}{n}\sum_{i=1}^{M} x_{ij}.$$

とおくと，これまでの検定の考え方と同様に，次の結論を得る．

$$\sum_{i=1}^{M}\sum_{j=1}^{N} \frac{(x_{ij} - n\widehat{p}_{i0}\widehat{q}_{j0})^2}{n\widehat{p}_{i0}\widehat{q}_{j0}} > \chi_L{}^2(\alpha)$$

であれば，危険率 α で仮説 H を棄却して，性質 A$_i$ と性質 B$_j$ は独立ではない
と判定される．また，逆の不等式が成り立っていれば，H は採択される．

---

[1] C. ラダクリシュナ ラオ著 (奥野忠一他共訳)『統計的推測とその応用』(東京書籍) 参照.

┃**問 8.12**　例題 8.9 に対する解答を与えよ.

◆◈章末問題 8 ◈◆

8.1 サイコロを 50 回ふったところ, 6 が 11 回出た. このサイコロは 6 がでやすいといえるか. 危険率 5% で検定せよ.
  (1) 検定すべき帰無仮説は何かを明確にして, 検定せよ.
  (2) 500 回中 110 回 6 が出た場合はどうか.

8.2 あるニュース番組の世論調査で, 6 月の内閣支持率は 45% であったのが, 9 月には 49% になった. 内閣支持率は上昇したといえるか. 危険率 5% で棄却域を求めて検定せよ. ただし, 調査対象は 250 人であったとする.

8.3 過去の統計によると, 小学生 5 年生男子の身長の全国平均は 141.5 cm, 分散は $(5.1)^2$ であるという. あるクラスの男子 20 人の平均が 144 cm であったという. このクラスの男子は全国平均に比べて身長が高いといえるか. 危険率 5% で検定せよ.

8.4 ある風邪薬を服用した場合, 完治までの日数が平均 5.2 日, 分散 $(6\,(日))^2$ であった. この薬にビタミン C を追加したら, 服用した 50 人の完治までの日数が 4.5 日となった. ビタミン C の効果はあるといえるか. 母分散は変化してないとみなせると仮定して, 危険率 5% で検定せよ.

8.5 ある食品の重さが 530 g と表示されている. ある 1 週間に 20 個の抜き打ち検査をしたところ, 20 個の平均が 520 g, この標本の不偏分散が $(8\,(g))^2$ であった. この表示に誤りがあるといってよいか. 危険率 5%, 1% で検定せよ.

8.6 母分散の値が等しいと仮定できる 2 つの正規母集団 $N(m_1, \sigma^2)$, $N(m_2, \sigma^2)$ がある. 母平均も一致しているかどうかを調べるために, それぞれの母集団から大きさ 20 の無作為標本を抽出したところ, 標本平均がそれぞれ 63, 58 であり, 不偏分散が $7^2, 5.5^2$ であった. 母平均は等しいといえるかどうか, 危険率 5% で検定せよ.

8.7 ある性別は関係ないと思われていたテレビ番組について, 男子学生は 200 人のなかで 60 人が好きと答え, 女子学生は 150 人のなかで 30 人が好きと答えた. 好きであることと性別との関係性に変化は認められるか. 危険率 5% で検定せよ.

8.8 ある大学の 4 学部の卒業生に満足度調査を行ったところ，次の結果を得た.

	満足	普通	不満足	
R 学部	180	315	105	600
L 学部	100	130	70	300
E 学部	80	120	50	250
I 学部	90	35	25	150
	450	600	250	1300

満足度と学部は独立であるといえるか．危険率 5% で検定せよ．

8.9 公平かどうかが不明なサイコロを 120 回ふったところ，次のような結果が得られた：

目	1	2	3	4	5	6	計
回数	15	21	27	15	12	30	120（回）

このサイコロは公平でないといえるだろうか．

(1) 検定すべき帰無仮説は何か．

(2) 危険率 5%, 1% で検定せよ．

回帰分析

本章では，説明変数と観測値が1次関数で結ばれるガウス・マルコフモデルに基づいて，1次関数の係数の推定や観測量の予測など，線形推測論の基本について述べる．

§ 9.1 統計モデル，最小2乗法

農作物の収穫量が，作付面積，肥料の量，日照時間，雨量などに左右されるように，観測値 (この場合は収穫量) がいくつかの要因によって決まるときに，確率的な誤差も考慮した統計モデルを作って推定などの議論が行われる．

なかでも，観測される量 Y が**説明変数**と呼ばれる変数 $x_1, x_2, \ldots, x_k$ の1次関数によって表されると想定した統計モデルが**線形モデル**と呼ばれ，理論の基本である．説明変数は観測量の要因とされる．ここでは，説明変数が1つで (x と書く)，観測される量が

$$Y = ax + b + Z$$

と書かれる**単回帰分析**について述べる．Z が誤差を表す確率変数である．a, b を**回帰係数**という．

まず，誤差項 Z のない場合を考える．

たとえば，新入生 n 人を選んで身長と体重を測定したところ，次のような結果を得たとする：

身長	x_1	x_2	$\cdots$	$\cdots$	$\cdots$	x_n
体重	y_1	y_2	$\cdots$	$\cdots$	$\cdots$	y_n

このようなデータから，身長と体重の関係を調べるにはどうすればよいだろうか．

n 個の観測値 (x_i, y_i) $(i = 1, 2, \ldots, n)$ を平面 $\mathbf{R}^2$ の点に対応させてプロットしてその散らばり方を見る．このような図を**散布図**または**相関図**という．

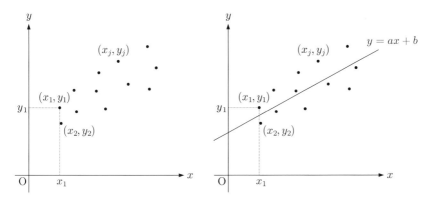

バネに $x\,(\mathrm{g})$ のおもりをぶら下げたときのバネの長さ $y\,(\mathrm{cm})$ のように，これらが同一直線上にあれば，その直線の方程式を与える 1 次式が説明変数 x と観測値 y の関係を与える．

しかし，通常同一直線上に n 個の点がすべてのることはなく，ずれを最小にする 1 次式を求める．ずれの大きさを y_i と $ax_i + b$ の差の 2 乗の和

$$Q(a, b) = \sum_{i=1}^{n} (y_i - (ax_i + b))^2$$

で表し，$Q(a, b)$ を最小にする a, b の値 $\widehat{a}, \widehat{b}$ を求めて，説明変数 x と観測値 y の関係が $y = \widehat{a}x + \widehat{b}$ によってよく表されると考える方法を**最小 2 乗法**という．

2 変数 (a, b) の関数 $Q(a, b)$ の値を最小にする (a, b) を求めるのだから，a, b それぞれについての偏導関数が 0 になる (a, b) を求める．このためには，

$$\frac{\partial Q(a, b)}{\partial a} = -2 \sum_{i=1}^{n} (y_i - (ax_i + b))x_i = 0,$$

$$\frac{\partial Q(a, b)}{\partial b} = -2 \sum_{i=1}^{n} (y_i - (ax_i + b)) = 0$$

を a, b についての連立方程式と考えて解けばよい．整理すると，

$$\left(\sum_{i=1}^{n} x_i{}^2\right)a + \left(\sum_{i=1}^{n} x_i\right)b = \sum_{i=1}^{n} x_i y_i,$$

$$\left(\sum_{i=1}^{n} x_i\right) a + nb = \sum_{i=1}^{n} y_i$$

となる．ここで，

$$\overline{x}_n = \frac{1}{n} \sum_{i=1}^{n} x_i, \qquad \overline{y}_n = \frac{1}{n} \sum_{i=1}^{n} y_i,$$

$$s_x{}^2 = \frac{1}{n} \sum_{i=1}^{n} (x_i - \overline{x}_n)^2 = \frac{1}{n} \sum_{i=1}^{n} x_i{}^2 - \overline{x}_n{}^2,$$

$$s_{xy} = \frac{1}{n} \sum_{i=1}^{n} (x_i - \overline{x}_n)(y_i - \overline{y}_n) = \frac{1}{n} \sum_{i=1}^{n} x_i y_i - \overline{x}_n \overline{y}_n,$$

とおき，

$$\widehat{a} = \frac{s_{xy}}{s_x{}^2}, \qquad \widehat{b} = \overline{y}_n - \widehat{a}\,\overline{x}_n$$

とおくと，$(a,b) = (\widehat{a}, \widehat{b})$ のとき $\dfrac{\partial Q}{\partial a} = 0, \dfrac{\partial Q}{\partial b} = 0$ となる．

また，ヘッシアン $\begin{pmatrix} \dfrac{\partial^2 Q}{\partial a^2} & \dfrac{\partial^2 Q}{\partial a \partial b} \\ \dfrac{\partial^2 Q}{\partial a \partial b} & \dfrac{\partial^2 Q}{\partial b^2} \end{pmatrix}$ が正定値な定数行列であることは容

易にわかるので，$Q(a,b)$ は $(a,b) = (\widehat{a}, \widehat{b})$ のとき最小となる．

$Q(a,b)$ を最小にする直線 $y = \widehat{a}x + \widehat{b}$ を**回帰直線**という．$\widehat{b}$ の値を代入して，

$$y - \overline{y}_n = \widehat{a}(x - \overline{x}_n)$$

と書くと，回帰直線が $(\overline{x}_n, \overline{y}_n)$ を通り，傾きが $\widehat{a}$ の直線であることがわかる．

また，s_{xy} は標本における共分散であり，ρ_{xy} を標本における相関係数

$$\rho_{xy} = \frac{s_{xy}}{s_x s_y}, \qquad \text{ただし，} \quad s_y{}^2 = \frac{1}{n} \sum_{i=1}^{n} (y_i - \overline{y}_n)^2$$

とすると，$\widehat{a}$ は次のように書ける：

$$\widehat{a} = \frac{s_y}{s_x} \rho_{xy}.$$

§ 9.2　回帰係数の点推定

説明変数に対する回帰直線の値と観測値との差を確率変数と考えると,

$$Y = ax + b + Z$$

という形の統計モデルになる. 誤差 Z は平均 0 の確率変数であり, 説明変数 x に対応する観測値を表す Y は平均 $ax + b$ をもつ確率変数である. とくに, Y と Z の分散の値は一致する.

例題 9.1

　1 日の最高気温とあるビアホールのビールの売り上げを 1 週間記録したところ, 次のようになった:

最高気温 (度)	29	30	31	29	26	33	32
売り上げ (杯)	420	447	452	438	415	480	498

　最高気温とビールの売り上げはどのような関係にあるか. 最高気温とビールの売り上げは線形モデルを構成するとして, 回帰係数に対する不偏推定量を求めよ.

　前節と同様, 大きさ n の標本 (x_i, y_i) $(i = 1, 2, \ldots, n)$ を得ているとする. これは, $x_1, x_2, \ldots, x_n$ は説明変数として与えられたデータであり, $Z_1, Z_2, \ldots, Z_n$ を独立で Z と同じ確率分布に従う確率変数とするとき, 各 y_i は確率変数

$$Y_i = ax_i + b + Z_i$$

の実現値と考える.

　まず, 考察すべき問題は, 与えられた標本から回帰係数 a, b を推定することである. この節では, 点推定を考える.

　前節に与えた $\widehat{a}, \widehat{b}$ がここでも重要である. まず, これらが回帰係数 a, b に対する不偏推定値であることを示す. そのために,

$$\overline{Y}_n = \frac{1}{n}\sum_{i=1}^{n} Y_i, \qquad \overline{x}_n = \frac{1}{n}\sum_{i=1}^{n} x_i,$$

$$s_x{}^2 = \frac{1}{n}\sum_{i=1}^{n}(x_i - \overline{x}_n)^2 = \frac{1}{n}\sum_{i=1}^{n} x_i{}^2 - \overline{x}_n{}^2,$$

$$s_{xY} = \frac{1}{n}\sum_{i=1}^{n}(x_i - \overline{x}_n)(Y_i - \overline{Y}_n) = \frac{1}{n}\sum_{i=1}^{n} x_i Y_i - \overline{x}_n \overline{Y}_n$$

とおき，統計量 A_n, B_n を

$$A_n = \frac{s_{xY}}{s_x{}^2}, \qquad B_n = \overline{Y}_n - \overline{x}_n A_n \tag{9.1}$$

によって定義する．A_n, B_n が $Y_1, Y_2, \ldots, Y_n$ の 1 次式で書かれていることと s_{xY} に対して

$$s_{xY} = \frac{1}{n}\sum_{i=1}^{n}(x_i - \overline{x}_n)Y_i$$

が成り立つことに注意しておく．

定理 9.1　A_n, B_n は，それぞれ回帰係数 a, b に対する不偏推定量である．

【証明】　$E[Y_i] = ax_i + b\ (i = 1, 2, \ldots, n)$ より，A_n の平均は次のようになる：

$$E[A_n] = \frac{1}{s_x{}^2}\left\{ \frac{1}{n}\sum_{i=1}^{n} x_i(ax_i + b) - \overline{x}_n(a\overline{x}_n + b)\right\}$$

$$= \frac{a}{s_x{}^2}\left\{ \frac{1}{n}\sum_{i=1}^{n} x_i{}^2 - \overline{x}_n{}^2 \right\} = a.$$

また，B_n については，$E[B_n] = E[\overline{Y}_n] - a\overline{x}_n = (a\overline{x}_n + b) - a\overline{x}_n = b$ となる．∎

A_n, B_n は，$Y_1, Y_2, \ldots, Y_n$ の一次式で書ける線形推定量の中で，次の意味で最良である．

定理 9.2 [ガウス・マルコフの定理]　A_n, B_n は回帰係数 a, b に対する線形不偏推定量の中で，分散が最小の推定量である．

【証明】　a の線形不偏推定量を

$$\widetilde{A}_n = \sum_{i=1}^{n} \alpha_i Y_i$$

とおく．$E[\widetilde{A}_n] = a$ より $\displaystyle\sum_{i=1}^{n} \alpha_i(ax_i + b) = a$ であり

$$\sum_{i=1}^{n} \alpha_i = 0, \qquad \sum_{i=1}^{n} \alpha_i x_i = 1 \tag{9.2}$$

が成り立つ. $\widetilde{A}_n$ の分散 $V[\widetilde{A}_n]$ に対して,

$$V[\widetilde{A}_n] = V[(\widetilde{A}_n - A_n) + A_n]$$
$$= V[\widetilde{A}_n - A_n] + 2\operatorname{Cov}(\widetilde{A}_n - A_n, A_n) + V[A_n]$$

となるので, $\operatorname{Cov}(\widetilde{A}_n - A_n, A_n) = 0$ を示せば $V[A_n]$ の最小性がわかる. これは,

$$\operatorname{Cov}(\widetilde{A}_n - A_n, A_n) = E[(\widetilde{A}_n - A_n)(A_n - E[A_n])]$$

$$= E\Big[\Big\{\sum_{i=1}^{n}\Big(\alpha_i - \frac{1}{n{s_x}^2}(x_i - \overline{x}_n)\Big)Y_i\Big\}\Big\{\sum_{i=1}^{n}\frac{1}{n{s_x}^2}(x_i - \overline{x}_n)(Y_i - E[Y_i])\Big\}\Big]$$

$$= E\Big[\Big\{\sum_{i=1}^{n}\Big(\alpha_i - \frac{1}{n{s_x}^2}(x_i - \overline{x}_n)\Big)(Y_i - E[Y_i])\Big\}$$
$$\times \Big\{\sum_{i=1}^{n}\frac{1}{n{s_x}^2}(x_i - \overline{x}_n)(Y_i - E[Y_i])\Big\}\Big]$$

が成り立ち, $Y_1, Y_2, \dots, Y_n$ は互いに独立で分散は一致する (σ^2 と書く) ので (9.2) を用いると

$$\operatorname{Cov}(\widetilde{A}_n - A_n, A_n) = \sum_{i=1}^{n}\Big(\alpha_i - \frac{1}{n{s_x}^2}(x_i - \overline{x}_n)\Big)\frac{1}{n{s_x}^2}(x_i - \overline{x}_n)V[Y_i]$$

$$= \frac{1}{n{s_x}^2}\sum_{i=1}^{n}\alpha_i(x_i - \overline{x}_n)\sigma^2 - \frac{1}{n^2{s_x}^4}\sum_{i=1}^{n}(x_i - \overline{x}_n)^2\sigma^2$$

$$= \frac{1}{n{s_x}^2}\sigma^2 - \frac{1}{n{s_x}^2}\sigma^2$$

$$= 0$$

となることからわかる.

次に, b の線形不偏推定量を

$$\widetilde{B}_n = \sum_{i=1}^{n}\beta_i Y_i$$

とおく. $E[\widetilde{B}_n] = b$ より $\sum_{i=1}^{n}\beta_i(ax_i + b) = b$ であり, 次が成り立つ:

$$\sum_{i=1}^{n}\beta_i = 1, \qquad \sum_{i-1}^{n}\beta_i x_i = 0 \tag{9.3}$$

A_n の場合と同様に, $\operatorname{Cov}(\widetilde{B}_n - B_n, B_n) = 0$ を示せば,

$$V[\widetilde{B}_n] = V[\widetilde{B}_n - B_n] + 2\operatorname{Cov}(\widetilde{B}_n - B_n, B_n) + V[B_n]$$

より, $V[B_n]$ の最小性が得られる.

B_n を

$$B_n = \sum_{i=1}^{n} u_i Y_i, \qquad u_i = \frac{1}{n} - \frac{\overline{x}_n}{ns_x{}^2}(x_i - \overline{x}_n)$$

と書くと,

$$\mathrm{Cov}\,(\widetilde{B}_n - B_n, B_n) = E[(\widetilde{B}_n - B_n)(B_n - E[B_n])]$$

$$= E\Big[\sum_{i=1}^{n}(\beta_i - u_i)Y_i \sum_{j=1}^{n} u_j(Y_j - E[Y_j])\Big]$$

$$= E\Big[\sum_{i=1}^{n}(\beta_i - u_i)(Y_i - E[Y_i]) \sum_{j=1}^{n} u_j(Y_j - E[Y_j])\Big]$$

が成り立つ. $Y_1, Y_2, \ldots, Y_n$ の独立性と $V[Y_i] = \sigma^2$ より

$$\mathrm{Cov}\,(\widetilde{B}_n - B_n, B_n) = \sum_{i=1}^{n}(\beta_i - u_i)u_i\sigma^2$$

となる.

(9.3) を用いると,

$$\sum_{i=1}^{n} \beta_i u_i = \sum_{i=1}^{n} \beta_i \Big(\frac{1}{n} - \frac{\overline{x}_n}{ns_x{}^2}(x_i - \overline{x}_n)\Big) = \frac{1}{n} + \frac{\overline{x}_n{}^2}{ns_x{}^2}$$

であり,

$$\sum_{i=1}^{n} u_i{}^2 = \sum_{i=1}^{n}\Big(\frac{1}{n} - \frac{\overline{x}_n}{ns_x{}^2}(x_i - \overline{x}_n)\Big)^2$$

$$= \frac{1}{n} - \frac{2\overline{x}_n}{n^2 s_x{}^2}\sum_{i=1}^{n}(x_i - \overline{x}_n) + \frac{\overline{x}_n{}^2}{n^2 s_x{}^4}\sum_{i=1}^{n}(x_i - \overline{x}_n)^2$$

$$= \frac{1}{n} + \frac{\overline{x}_n{}^2}{ns_x{}^2}$$

となるので, $\mathrm{Cov}\,(\widetilde{B}_n - B_n, B_n) = 0$ を得る.

　誤差 Z_i が正規分布 $N(0, \sigma^2)$ に従うと仮定した場合を考える. このとき, 観測量 Y_i は正規分布 $N(ax_i + b, \sigma^2)$ に従う. したがって, 尤度関数, つまり $(Y_1, Y_2, \ldots, Y_n)$ の同時分布の確率密度は

$$L_n(y_1, y_2, \ldots, y_n \,; a, b) = \frac{1}{(2\pi\sigma^2)^{n/2}} \exp\Big(-\frac{1}{2\sigma^2}\sum_{i=1}^{n}(y_i - (ax_i + b))^2\Big)$$

である.

a, b に対する最尤推定量を求める. このために, 対数尤度関数の偏導関数を考えると,

$$\frac{\partial \log L_n}{\partial a} = \frac{1}{\sigma^2} \sum_{i=1}^{n} (y_i - (ax_i + b))x_i,$$

$$\frac{\partial \log L_n}{\partial b} = \frac{1}{\sigma^2} \sum_{i=1}^{n} (y_i - (ax_i + b))$$

となる. これらがともに 0 となるのは, 最小 2 乗法のときと同じ連立方程式を解くことになり,

$$a = \frac{s_{xy}}{s_x{}^2}, \qquad b = \overline{y}_n - a\overline{x}_n$$

となる. つまり, A_n, B_n が, それぞれ a, b に対する最尤推定量であることがわかる. $\widehat{Y}_i = A_n x_i + B_n$ を Y_i の**回帰部分**という.

§ 9.3　回帰係数の区間推定

統計モデル $Y = ax + b + Z$ の回帰係数 a, b に対する区間推定について述べる. $Z_1, Z_2, \ldots, Z_n$ を Z と同じ正規分布 $N(0, \sigma^2)$ に従う確率変数とし, 説明変数についてのデータ $x_1, x_2, \ldots, x_n$ に対して

$$Y_i = ax_i + b + Z_i$$

とおく. σ^2 の値は未知とする.

前節に得られた a, b に対する推定量 A_n, B_n の確率分布を考える.

定理 9.3　$\begin{pmatrix} A_n \\ B_n \end{pmatrix}$ は, 平均ベクトルが $\begin{pmatrix} a \\ b \end{pmatrix}$ であり, 共分散行列が

$$\begin{pmatrix} \dfrac{\sigma^2}{ns_x{}^2} & -\dfrac{\sigma^2\overline{x}_n}{ns_x{}^2} \\ -\dfrac{\sigma^2\overline{x}_n}{ns_x{}^2} & \left(1 + \dfrac{\overline{x}_n{}^2}{ns_x{}^2}\right)\dfrac{\sigma^2}{n} \end{pmatrix}$$ である 2 次元正規分布に従う.

【証明】　A_n, B_n は正規分布に従う独立確率変数 $Y_1, Y_2, \ldots, Y_n$ の線形結合だから, 定理 4.16 より $\begin{pmatrix} A_n \\ B_n \end{pmatrix}$ は 2 次元正規分布に従う. また, A_n, B_n はそれぞれ回帰係数 a, b の不偏推定量であり (定理 9.1), 平均は a, b である.

したがって，A_n, B_n の分散と共分散を求めればよい．A_n については，

$$A_n = \frac{s_{xY}}{s_x^2} = \frac{1}{ns_x^2} \sum_{i=1}^{n} (x_i - \overline{x}_n) Y_i$$

であり，$Y_1, Y_2, \ldots, Y_n$ は独立だから

$$V[A_n] = \frac{1}{n^2 s_x^4} \sum_{i=1}^{n} (x_i - \overline{x}_n)^2 V[Y_i] = \frac{\sigma^2}{ns_x^2}$$

となる．B_n については，

$$B_n = \overline{Y}_n - A_n \overline{x}_n = \sum_{i=1}^{n} \Big(\frac{1}{n} - \frac{\overline{x}_n (x_i - \overline{x}_n)}{ns_x^2} \Big) Y_i$$

と書くと，$\displaystyle\sum_{i=1}^{n} (x_i - \overline{x}_n) = 0$ より

$$
\begin{aligned}
V[B_n] &= \sum_{i=1}^{n} \Big(\frac{1}{n} - \frac{\overline{x}_n (x_i - \overline{x}_n)}{ns_x^2} \Big)^2 V[Y_i] \\
&= \Big(\frac{1}{n} - \frac{2\overline{x}_n}{n^2 s_x^2} \sum_{i=1}^{n} (x_i - \overline{x}_n) + \frac{\overline{x}_n^2}{n^2 s_x^4} \sum_{i=1}^{n} (x_i - \overline{x}_n)^2 \Big) \sigma^2 \\
&= \Big(\frac{1}{n} + \frac{\overline{x}_n^2}{ns_x^2} \Big) \sigma^2
\end{aligned}
$$

と計算される．

A_n, B_n の共分散についても，同様に次のようにして求まる：

$$\mathrm{Cov}\,(A_n, B_n) = E[(A_n - E[A_n])(B_n - E[B_n])]$$

$$= E\Big[\frac{1}{ns_x^2} \sum_{i=1}^{n} (x_i - \overline{x}_n)(Y_i - E[Y_i]) \sum_{j=1}^{n} \Big(\frac{1}{n} - \frac{\overline{x}_n (x_j - \overline{x}_n)}{ns_x^2} \Big)(Y_i - E[Y_i]) \Big]$$

$$= \frac{1}{ns_x^2} \sum_{i=1}^{n} (x_i - \overline{x}_n) \Big(\frac{1}{n} - \frac{\overline{x}_n (x_i - \overline{x}_n)}{ns_x^2} \Big) \sigma^2$$

$$= -\frac{\overline{x}_n}{n^2 s_x^4} \sum_{i=1}^{n} (x_i - \overline{x}_n)^2 \sigma^2 = -\frac{\overline{x}_n}{ns_x^2} \sigma^2.$$

A_n, B_n に対する区間推定を行うためには，誤差項 Z_i の分散 σ^2 の推定量を考える必要がある．しかし，Z_i を観測できるわけではないので，その標本分散 $n^{-1} \sum_{i=1}^{n} (Z_i - \overline{Z}_n)^2$ を用いることはできない．

そこで，Y_i の回帰部分 $\widehat{Y}_i = A_n x_i + B_n$ と Y_i 自身との差 $e_i = Y_i - \widehat{Y}_i$ を考えて，

$$S = \sum_{i=1}^{n} e_i^2 = \sum_{i=1}^{n} (Y_i - (A_n x_i + B_n))^2 \tag{9.4}$$

とおいて，$\dfrac{1}{n}S$ を σ^2 に対する推定量と考える．e_i を回帰直線からの**残差**，S を**残差平方和**という．

なお，$e_1, e_2, \ldots, e_n$ の標本平均 $\overline{e}_n$ を考えると

$$\overline{e}_n = \frac{1}{n}\sum_{i=1}^{n} e_i = \frac{1}{n}\sum_{i=1}^{n}(Y_i - \widetilde{Y}_i) = \overline{Y}_n - (A_n \overline{x}_n + B_n) = 0$$

となって $\overline{e}_n = 0$ であるから，

$$S = \sum_{i=1}^{n} (e_i - \overline{e}_n)^2$$

となっている．また，S は $Y_1, Y_2, \ldots, Y_n$ から計算される統計量であり，実際の標本から計算される量になっている．

このとき，次が成り立つ．

定理 9.4 （1）残差平方和 S は A_n, B_n と独立であり，$\dfrac{1}{\sigma^2}S$ は自由度 $n-2$ のカイ 2 乗分布に従う．

（2）統計量

$$\frac{A_n - a}{\sqrt{\dfrac{S}{n(n-2)s_x{}^2}}}, \quad \frac{B_n - b}{\sqrt{\left(1 + \dfrac{\overline{x}_n{}^2}{s_x{}^2}\right)\dfrac{S}{n(n-2)}}}$$

はともに，自由度 $n-2$ の t 分布に従う．

定理の証明の前に，回帰係数に対する信頼区間を与える．

t 分布表から，自由度 $n-2$ の t 分布に従う確率変数 t と $\alpha > 0$ に対して $t_{n-2}(\alpha)$ を

$$P(|t| > t_{n-2}(\alpha)) = \alpha$$

をみたす正数とする．このとき，a_n, b_n, s を統計量 A_n, B_n, S の表示 (9.1)，

(9.4) において確率変数 Y_i を観測値 y_i に置き換えて得られる値とすると，回帰係数 a, b に対する信頼度 $1 - \alpha$ の信頼区間が，それぞれ

$$\left(a_n - t_{n-2}(\alpha) \sqrt{\frac{s}{n(n-2)s_x{}^2}},\, a_n + t_{n-2}(\alpha) \sqrt{\frac{s}{n(n-2)s_x{}^2}} \right)$$

および

$$\left(b_n - t_{n-2}(\alpha) \sqrt{\left(1 + \frac{\overline{x}_n{}^2}{s_x{}^2} \right) \frac{s}{n(n-2)}},\, b_n + t_{n-2}(\alpha) \sqrt{\left(1 + \frac{\overline{x}_n{}^2}{s_x{}^2} \right) \frac{s}{n(n-2)}} \right)$$

と求まる．

【定理 **9.4** の証明】　(1) A_n, $e_i = Y_i - (A_n x_i + B_n)$ はともに $Y_1, Y_2, \ldots, Y_n$ の線形結合だから，$\begin{pmatrix} A_n \\ e_i \end{pmatrix}$ は 2 次元正規分布に従う (定理 4.16)．よって，A_n と e_i の共分散が 0 であることを示せば，定理 4.17 より A_n と e_i，したがって A_n と S の独立性が示される．

A_n と e_i の共分散は，

$$\mathrm{Cov}\,(A_n, Y_i) = \frac{1}{n s_x{}^2} \sum_{j=1}^{n} (x_j - \overline{x}_n)\, \mathrm{Cov}\,(Y_j, Y_i) = \frac{(x_i - \overline{x}_n)\sigma^2}{n s_x{}^2}$$

となることから，定理 9.3 より

$$\mathrm{Cov}\,(A_n, e_i) = \mathrm{Cov}\,(A_n, Y_i) - V[A_n] x_i - \mathrm{Cov}\,(A_n, B_n)$$

$$= \frac{(x_i - \overline{x}_n)\sigma^2}{n s_x{}^2} - \frac{x_i \sigma^2}{n s_x{}^2} - \left(-\frac{\overline{x}_n \sigma^2}{n s_x{}^2} \right) = 0$$

となる．

B_n についても，$\begin{pmatrix} B_n \\ e_i \end{pmatrix}$ が 2 次元正規分布に従い，やはり定理 9.3 より

$$\mathrm{Cov}\,(B_n, e_i) = \mathrm{Cov}\,(B_n, Y_i) - \mathrm{Cov}\,(B_n, A_n) x_i - V[B_n]$$

$$= \left(\frac{1}{n} - \frac{\overline{x}_n(x_i - \overline{x}_n)}{n s_x{}^2} \right)\sigma^2 - \left(-\frac{\overline{x}_n \sigma^2}{n s_x{}^2} \right) x_i - \left(\frac{1}{n} + \frac{\overline{x}_n{}^2}{n s_x{}^2} \right)\sigma^2$$

$$= 0$$

となるので，B_n と e_i，したがって B_n と S は独立である．

次に，S について考える．S と $\sum_{i=1}^{n}(Z_i - \overline{Z})^2$ の差を考えると，

$$
\begin{aligned}
\sum_{i=1}^{n}(Z_i - \overline{Z}_n)^2 - S &= \sum_{i=1}^{n}\Big\{(Z_i - \overline{Z}_n)^2 - (e_i - \overline{e}_n)^2\Big\} \\
&= \Big\{\Big((Y_i - \overline{Y}_n) - a(x_i - \overline{x}_n)\Big)^2 \\
&\quad\quad - \Big((Y_i - \overline{Y}_n) - A_n(x_i - \overline{x}_n)\Big)^2\Big\} \\
&= \sum_{i=1}^{n}\Big\{2(A_n - a)(Y_i - \overline{Y}_n)(x_i - \overline{x}_n) \\
&\quad\quad + (a^2 - A_n^2)(x_i - \overline{x}_n)^2\Big\} \\
&= 2(A_n - a)ns_{xY} + (a^2 - A_n^2)ns_x{}^2 \\
&= 2n(A_n - a)A_n s_x{}^2 + n(a^2 - A_n^2)ns_x{}^2 \\
&= n(A_n - a)^2 s_x{}^2
\end{aligned}
$$

となり，次が成り立つ：

$$
\frac{1}{\sigma^2}\sum_{i=1}^{n}(Z_i - \overline{Z}_n)^2 = \frac{S}{\sigma^2} + \frac{n(A_n - a)^2 s_x{}^2}{\sigma^2}.
$$

Z_i は正規分布 $N(0, \sigma^2)$ に従うので，左辺は自由度 $n-1$ のカイ 2 乗分布に従う確率変数である (定理 6.5)．また，A_n は正規分布 $N\left(a, \dfrac{\sigma^2}{ns_x{}^2}\right)$ に従う (定理 9.3) から，右辺の第 2 項は自由度 1 のカイ 2 乗分布に従う．上に示したように，右辺の 2 つの項は独立だから，両辺の積率母関数を考えると，右辺第 1 項 $\dfrac{S}{\sigma^2}$ が自由度 $n-2$ のカイ 2 乗分布に従うことがわかる (定理 6.5 の証明参照)．

(2) 定理 9.3 より，A_n の正規化

$$
\frac{A_n - a}{\sqrt{\dfrac{\sigma^2}{ns_x{}^2}}}
$$

は標準正規分布 $N(0, 1)$ に従い，$\dfrac{S}{\sigma^2}$ と独立である．したがって，(1) と定理 6.9 より結論を得る．

B_n についても同様である． ∎

§9.4 予測

本章で扱ってきた統計モデル $Y = ax + b + Z$ に対して，大きさ n の標本 (x_i, y_i) $(i = 1, 2, \ldots, n)$ が得られているとき，新たな観測 $Y_{n+1} = ax_{n+1} + b + Z_{n+1}$ の予測をする．本節では，前節と同じ記号を用いる．

例題 9.2

ある日の最高気温が 35 度と予想されているとき，例題 9.1 のビアホールにおけるビールの売り上げはどのくらいになると予測されるか．信頼度 95% の信頼区間を求めよ．

回帰係数 a, b に対しては，標本からの推定値 a_n, b_n が得られているので，説明変数 x_{n+1} に対応する観測 Y_{n+1} の点推定としては $a_n x_{n+1} + b_n$ を採用するのは当然であろう．ここでは，区間推定について，つまり誤差はどのようにして測るかについて述べる．

このために，Y_{n+1} と推定量 $A_n x_{n+1} + B_n$ の差の確率分布について考える．これらは独立であり，ともに正規分布に従うので，$Y_{n+1} - (A_n x_{n+1} + B_n)$ も正規分布に従う．その平均は，A_n, B_n が回帰係数 a, b の不偏推定量だから，

$$E[Y_{n+1} - (A_n x_{n+1} + B_n)] = ax_{n+1} + b - (ax_{n+1} + b) = 0$$

である．分散は，

$$V[Y_{n+1} - (A_n x_{n+1} + B_n)]$$

$$= V[Y_{n+1}] + V[A_n x_{n+1} + B_n]$$

$$= \sigma^2 + V[A_n] x_{n+1}{}^2 + 2\,\mathrm{Cov}\,(A_n, B_n) x_{n+1} + V[B_n]$$

となるから，定理 9.3 を用いると

$$V[Y_{n+1} - (A_n x_{n+1} + B_n)]$$

$$= \sigma^2 + \frac{\sigma^2 x_{n+1}{}^2}{n s_x{}^2} - \frac{2\sigma^2 \overline{x}_n x_{n+1}}{n s_x{}^2} + \left(\frac{1}{n} + \frac{\overline{x}_n{}^2}{n s_x{}^2}\right)\sigma^2$$

$$= \left(1 + \frac{1}{n} + \frac{(x_{n+1} - \overline{x}_n)^2}{n s_x{}^2}\right)\sigma^2$$

となる．よって，統計量

$$\frac{Y_{n+1} - (A_n x_{n+1} + B_n)}{\sqrt{\left(1 + \frac{1}{n} + \frac{(x_{n+1}-\overline{x}_n)^2}{ns_x{}^2}\right)\sigma^2}}$$

は標準正規分布 $N(0,1)$ に従う．

前節と同様に，残差平方和 S を用いる．$\dfrac{S}{\sigma^2}$ は $Y_{n+1} - (A_n x_{n+1} + B_n)$ と独立であり，自由度 $n-2$ のカイ2乗分布に従う．したがって，定理 6.9 より次が得られる．

定理 9.5   統計量

$$\frac{Y_{n+1} - (A_n x_{n+1} + B_n)}{\sqrt{\left(1 + \frac{1}{n} + \frac{(x_{n+1}-\overline{x}_n)^2}{ns_x{}^2}\right)\frac{S}{n-2}}}$$

は自由度 $n-2$ の t 分布に従う．

したがって，説明変数 x_{n+1} に対応する観測値の予測として，信頼度 $1-\alpha$ の信頼区間が

$$\left(a_n x_{n+1} + b_n - t_{n-2}(\alpha)\sqrt{\left(1 + \frac{1}{n} + \frac{(x_{n+1} - \overline{x}_n)^2}{ns_x{}^2}\right)\frac{s}{n-2}},\right.$$

$$\left. a_n x_{n+1} + b_n + t_{n-2}(\alpha)\sqrt{\left(1 + \frac{1}{n} + \frac{(x_{n+1} - \overline{x}_n)^2}{ns_x{}^2}\right)\frac{s}{n-2}}\right)$$

と得られる．

問 9.1　例題 9.1 に対する解答を与えよ．

◆◆章末問題 9 ◆◆

9.1 ある会社の製品に対する総経費の中の広告費の割合を $x\,(\%)$ とし，売上高の中の純利益の比率を $y\,(\%)$ とすると，次のような関係にあるという：

x	5	10	15	20	25
y	20	25	26	33	36

利益率 y と広告費 x の割合 x に対する回帰直線を求めよ．

9.2 回帰係数 a に対する帰無仮説 $H : a = a_0$ に対する検定の方法を与えよ．

付録

　ガンマ関数とベータ関数の関係 (4.6) は，さまざまな場面で用いられる重要な関係である．本書でも何度か用いたので，基本的な性質とともに証明を与える．多次元正規分布に関しては，積率母関数 (ラプラス変換) に関することなど基本的な事実は本文中で用いたが，証明は省略した．ここではこれらの証明を与える．そのために，解析学および線形代数学の基礎的な事実を用いる．

§ A.1　ガンマ関数，ベータ関数

　次で定義される関数 $(0, \infty) \ni p \mapsto \Gamma(p)$ をガンマ関数という：

$$\Gamma(p) = \int_0^\infty x^{p-1} e^{-x} \, dx.$$

$\Gamma(1) = 1$ である．さらに，部分積分により

$$\Gamma(p) = (p-1) \int_0^\infty e^{p-2} e^{-x} \, dx = (p-1)\Gamma(p-1)$$

となるから，とくに $p = n$ (n は自然数) とすると，次が成り立つ：

$$\Gamma(n) = (n-1)(n-2)\cdots 2 \cdot 1 = (n-1)!$$

　ベータ関数は，$p, q > 0$ に対して

$$B(p,q) = \int_0^1 x^{p-1}(1-x)^{q-1} \, dx$$

によって定義される．積分の収束と $B(p,q) = B(q,p)$ は容易にわかる．

定理 A.1　$p, q > 0$ に対して，次が成り立つ：

$$B(p,q) = \frac{\Gamma(p)\Gamma(q)}{\Gamma(p+q)}.$$

【証明】 $\Gamma(p)\Gamma(q)$ は重積分を用いると,

$$\Gamma(p)\Gamma(q) = \int_0^\infty s^{p-1}e^{-s}\,ds \int_0^\infty t^{q-1}e^{-t}\,dt$$

$$= 4\int_0^\infty x^{2p-1}e^{-x^2}dx \int_0^\infty y^{2q-1}e^{-y^2}\,dy$$

$$= 4\int_0^\infty \int_0^\infty x^{2p-1}y^{2q-1}e^{-(x^2+y^2)}\,dxdy$$

と書ける. ここで, $x = r\cos\theta$, $y = r\sin\theta$ $(r \geqq 0,\ 0 \leqq \theta \leqq \dfrac{\pi}{2})$ によって, 極座標に変数変換すると, ヤコビアンが

$$\frac{\partial(x,y)}{\partial(r,\theta)} = \det\begin{pmatrix} \dfrac{\partial x}{\partial r} & \dfrac{\partial x}{\partial \theta} \\ \dfrac{\partial y}{\partial r} & \dfrac{\partial y}{\partial \theta} \end{pmatrix} = r$$

となることから, $\Gamma(p)\Gamma(q)$ は次のように書ける:

$$\Gamma(p)\Gamma(q) = 4\int_0^r \int_0^{\pi/2} (r\cos\theta)^{2p-1}(r\sin\theta)^{2q-1}e^{-r^2}r\,drd\theta$$

$$= 4\int_0^\infty r^{2(p+q)-1}e^{-r^2}dr \int_0^{\pi/2} \cos^{2p-1}\theta \sin^{2q-1}\theta\,d\theta.$$

右辺の第 1 の積分については, $r^2 = z$ と変数変換をすると

$$\int_0^\infty r^{2(p+q)-1}e^{-r^2}dr = \frac{1}{2}\int_0^\infty z^{p+q-1}e^{-z}\,dz = \frac{1}{2}\Gamma(p+q)$$

となり, 第 2 の積分については, $u = \cos^2\theta$ と変数変換をすると

$$\int_0^{\pi/2} \cos^{2p-1}\theta \sin^{2q-1}\theta\,d\theta = \frac{1}{2}\int_0^1 u^{p-1}(1-u)^{q-1}\,du = \frac{1}{2}B(p,q)$$

となるので, これらを代入して $\Gamma(p)\Gamma(q) = \Gamma(p+q)B(p,q)$ を得る.

§ A.2 多次元正規分布

§ 4.3 において多次元正規分布について述べた. 結果のいくつかは標本分布の説明で必要であった. 本節では, § 4.3 で証明を与えなかった基本的な事実, 積分の計算と積率母関数の計算について述べておく.

定理 A.2 n 次実正定値行列 $V = (V_{ij})$, $\boldsymbol{m} \in \mathbf{R}^n$ に対し $\mathbf{R}^n$ 上の関数 f を

$$f(\boldsymbol{x}) = f(x_1, x_2, \ldots, x_n) = \frac{1}{(2\pi)^{n/2}(\det V)^{1/2}}e^{-\frac{1}{2}\langle \boldsymbol{x}-\boldsymbol{m}, V^{-1}(\boldsymbol{x}-\boldsymbol{m})\rangle}$$

によって定義すると, f の $\mathbf{R}^n$ 上の積分は 1 である.

【証明】　V に対する仮定から，$D = PA\,{}^tP$ とする $PA\,{}^tP$ が対角成分が正である対角行列となるような n 次直交行列 P が存在する．ここで，P が直交行列であるとは，$P\,{}^tP = {}^tPP = I_n$ （I_n は n 次単位行列）となることである．D の対角成分を $d_1, d_2, \ldots, d_n$ とする．

このとき，$V^{-1} = {}^tPD^{-1}P$ であり，

$$\langle \boldsymbol{x} - \boldsymbol{m}, V^{-1}(\boldsymbol{x} - \boldsymbol{m})\rangle = \langle \boldsymbol{x} - \boldsymbol{m}, {}^tPD^{-1}P(\boldsymbol{x} - \boldsymbol{m})\rangle$$
$$= \langle P(\boldsymbol{x} - \boldsymbol{m}), D^{-1}P(\boldsymbol{x} - \boldsymbol{m})\rangle$$

が成り立つ．$\boldsymbol{y} = P(\boldsymbol{x} - \boldsymbol{m})$ と変数変換すると，ヤコビアンは

$$\frac{\partial(\boldsymbol{x})}{\partial(\boldsymbol{y})} = \det(P^{-1}) = 1$$

であるから，$\det(V) = \det(D) = d_1 d_2 \cdots d_n$ より

$$\int \cdots \int_{\mathbf{R}^n} f(x_1, x_2, \ldots, x_n)\, dx_1 dx_2 \cdots dx_n$$
$$= \frac{1}{(2\pi)^{n/2}(d_1 d_2 \cdots d_n)^{1/2}} \int \cdots \int_{\mathbf{R}^n} e^{-\frac{1}{2}\langle \boldsymbol{y}, D^{-1}\boldsymbol{y}\rangle}\, dy_1 dy_2 \cdots dy_n$$
$$= \prod_{i=1}^n \frac{1}{\sqrt{2\pi d_i}} \int_{\mathbf{R}} e^{-\frac{y_i^2}{2d_i}}\, dy_i$$

となるから，この積分の値が 1 であることがわかる． ∎

ここで，$\boldsymbol{X} = {}^t(X_1, X_2, \ldots, X_n)$ を n 次元正規分布 $N_n(\boldsymbol{m}, V)$ に従う確率ベクトルとする．$\boldsymbol{X}$ の確率密度が定理 A.2 で扱った関数 f である．

$\boldsymbol{X}$ の平均，共分散行列，積率母関数を与える定理 4.15 を証明する．まず，$\boldsymbol{X}$ の積率母関数を考える：

$$M_{\boldsymbol{X}}(\boldsymbol{t}) := E[e^{\langle \boldsymbol{t}, \boldsymbol{X}\rangle}] = \int \cdots \int_{\mathbf{R}^n} e^{\langle \boldsymbol{t}, \boldsymbol{x}\rangle} f(\boldsymbol{x})\, dx_1 dx_2 \cdots dx_n.$$

V^{-1} も対称行列で $\langle \boldsymbol{m}, V^{-1}\boldsymbol{x}\rangle = \langle V^{-1}\boldsymbol{m}, \boldsymbol{x}\rangle = \langle \boldsymbol{x}, V^{-1}\boldsymbol{m}\rangle$ が成り立つことに注意すると，

$$\langle \boldsymbol{t}, \boldsymbol{x}\rangle - \frac{1}{2}\langle \boldsymbol{x} - \boldsymbol{m}, V^{-1}(\boldsymbol{x} - \boldsymbol{m})\rangle$$
$$= \langle \boldsymbol{m}, \boldsymbol{t}\rangle + \frac{1}{2}\langle V\boldsymbol{t}, \boldsymbol{t}\rangle - \frac{1}{2}\langle \boldsymbol{x} - (\boldsymbol{m} + V\boldsymbol{t}), V^{-1}(\boldsymbol{x} - (\boldsymbol{m} + V\boldsymbol{t}))\rangle$$

であることがわかる．

これから，定理 A.2 より $\boldsymbol{X}$ の積率母関数 $M_{\boldsymbol{X}}(\boldsymbol{t})$ が

$$M_{\boldsymbol{X}}(\boldsymbol{t}) = e^{\langle \boldsymbol{m}, \boldsymbol{t} \rangle + \frac{1}{2} \langle V\boldsymbol{t}, \boldsymbol{t} \rangle} \frac{1}{(2\pi)^{n/2}(\det{(V)})^{1/2}}$$
$$\times \int \cdots \int_{\mathbf{R}^n} e^{-\frac{1}{2}\langle \boldsymbol{x}-(\boldsymbol{m}+V\boldsymbol{t}), V^{-1}(\boldsymbol{x}-(\boldsymbol{m}+V\boldsymbol{t})) \rangle}\, dx_1 dx_2 \cdots dx_n$$
$$= e^{\langle \boldsymbol{m}, \boldsymbol{t} \rangle + \frac{1}{2} \langle V\boldsymbol{t}, \boldsymbol{t} \rangle}$$

と与えられることがわかる.

したがって，

$$\frac{\partial}{\partial t_i} M_{\boldsymbol{X}}(\boldsymbol{t}) = \Big(m_i + \sum_{k=1}^{n} V_{ik}t_k \Big) e^{\langle \boldsymbol{m}, \boldsymbol{t} \rangle + \frac{1}{2} \langle V\boldsymbol{t}, \boldsymbol{t} \rangle}$$

となり，X_i の期待値は

$$E[X_i] = \frac{\partial}{\partial t_i} M_{\boldsymbol{X}}(0) = m_i$$

である．さらに，

$$\frac{\partial^2}{\partial t_i \partial t_j} M_{\boldsymbol{X}}(\boldsymbol{t}) = V_{ij} e^{\langle \boldsymbol{m}, \boldsymbol{t} \rangle + \frac{1}{2} \langle V\boldsymbol{t}, \boldsymbol{t} \rangle}$$
$$+ \Big(m_i + \sum_{k=1}^{n} V_{ik}t_k \Big) \Big(m_j + \sum_{\ell=1}^{n} V_{j\ell}t_\ell \Big) e^{\langle \boldsymbol{m}, \boldsymbol{t} \rangle + \frac{1}{2} \langle V\boldsymbol{t}, \boldsymbol{t} \rangle}$$

となるから，

$$E[X_i X_j] = \frac{\partial^2}{\partial t_i \partial t_j} M_{\boldsymbol{X}}(0) = V_{ij} + m_i m_j$$

が成り立つ．よって，命題 3.1，3.15 より X_i の分散，X_i, X_j の共分散は

$$V[X_i] = E[X_i^2] - (m_i)^2 = V_{ii},$$
$$\mathrm{Cov}(X_i, X_j) = E[X_i X_j] - m_i m_j = V_{ij}$$

となる.

問，問題の解答

問 1.1 (1) $A \cap B = [1,3]$, $A \cup B = [0,4]$ (2) $A \cap C = (1,3]$, $A \cup C = [0,4)$

問 1.3 (1) $\{x \, ; \, -1 < x < 3\} = (-1,3)$

(2) $\{x \, ; \, x \leqq 1 \text{ または } x \geqq 4\} = (-\infty,1] \cup [4,\infty)$

問 1.4 (1) 2^n (2) 0 (3) (1),(2) から

$$ {}_n\mathrm{C}_0 + {}_n\mathrm{C}_2 + \cdots = \frac{1}{2}\Big(\sum_{r=0}^{n} {}_n\mathrm{C}_r + \sum_{r=0}^{n} (-1)^r \, {}_n\mathrm{C}_r\Big) = 2^{n-1}. $$

また，${}_n\mathrm{C}_1 + {}_n\mathrm{C}_3 + \cdots = \displaystyle\sum_{r=0}^{n} {}_n\mathrm{C}_r - ({}_n\mathrm{C}_0 + {}_n\mathrm{C}_2 + \cdots) = 2^{n-1}.$

問 1.5 (1) 省略 (2) (1) で $x = y = 1$ とすればよい． (3) $(n+2)2^{n-1}$

◆章末問題 1◆

1.1 2^n

1.2 (1) 10000 (2) ${}_4\mathrm{C}_1 \cdot 10 \cdot 9 = 360$ (3) $10 \cdot 9 \cdot 8 \cdot 7 = 5040$

1.3 (1) $f_A(x) f_B(x)$ (2) $f_A(x) + f_B(x) - f_{A \cap B}(x)$

1.4 (1) m^k 通り (2) 玉 k 個，仕切り $m-1$ を並べる並べ方で ${}_{m+k-1}\mathrm{C}_k$ 通り．

(3) $m \geqq k$ のとき，${}_m\mathrm{C}_k$ 通り

1.5 $(1+x)^n$ を二項定理で展開して，x に関して 0 から 1 まで積分すれば，$\dfrac{1}{n+1}(2^{n+1} - 1)$

となる．

問 2.4 $\Omega = \{1,2,3,4\}$, $P(\{i\}) = \dfrac{1}{4}$ $(i = 1,2,3,4)$, $A = \{1,2\}$, $B = \{2,3\}$, $C = \{1,3\}$

とすればよい．または，サイコロを 2 回ふるとき，1 回目偶数を A，2 回目奇数を B，1,2 回目の偶奇が一致を C とすればよい．2 つのランダムネスから条件に合う 3 つの事象が作れるのである．

◆章末問題 2◆

2.1 (1) $A \cap B^c \cap C^c$ (2) $A \cup B \cup C$ (3) $A^c \cap B^c \cap C^c = (A \cup B \cup C)^c$

(4) $((A \cap B) \cup (B \cap C) \cup (C \cap A))^c = (A \cap B)^c \cap (B \cap C)^c \cap (C \cap A)^c$

2.2 $B \subseteq A$ のとき，$P(A \cap B)$ は最大で $\dfrac{1}{3}$，$P(A \cup B)$ は最小で $\dfrac{4}{5}$．$A \cup B$ が全事象のとき，$P(A \cap B)$ は最小で $\dfrac{2}{15}$，$P(A \cup B)$ は最大で 1．したがって，$\dfrac{2}{15} \leqq P(A \cap B) \leqq \dfrac{1}{3}$，$\dfrac{4}{5} \leqq P(A \cup B) \leqq 1$．

2.3 (1) $\dfrac{364 \cdot 363 \cdots 356}{(365)^9} \fallingdotseq 0.883.$　　(2) 22 人の場合約 0.524. 23 人の場合約 0.493 となり，23 人.

2.4 $P(B|A) = \dfrac{P(A \cap B)}{P(B)} \dfrac{P(B)}{P(A)} = P(A|B) \dfrac{P(B)}{P(A)}$ と変形して，仮定を用いればよい.

2.5 左辺を $\dfrac{P(A \cap B)}{P(A)} \dfrac{P(A \cap B \cap C)}{P(A \cap B)}$ と変形すればよい.

2.6 (1) $\left(1 - \dfrac{1}{6}\right)^{r-1} \dfrac{1}{6}$　　(2) $n \geqq r$ のとき ${}_n\mathrm{C}_r \left(\dfrac{1}{6}\right)^r \left(1 - \dfrac{1}{6}\right)^{n-r}$

2.7 A 子が勝つのは，2 人が同じ回数 6 以外を出し奇数回目に A 子が 6 を出した場合で，

$$\dfrac{1}{6} + \left(\dfrac{5}{6}\right)^2 \dfrac{1}{6} + \cdots \left(\dfrac{5}{6}\right)^{2n} \dfrac{1}{6} + \cdots = \dfrac{\frac{1}{6}}{1 - \left(\frac{5}{6}\right)^2} = \dfrac{6}{11}.$$ 同様に，D 輔が勝つ確率は，

$$\dfrac{5}{6} \dfrac{1}{6} + \left(\dfrac{5}{6}\right)^3 \dfrac{1}{6} + \cdots \left(\dfrac{5}{6}\right)^{2n+1} \dfrac{1}{6} + \cdots = \dfrac{\frac{5}{6^2}}{1 - \left(\frac{5}{6}\right)^2} = \dfrac{5}{11}.$$ $1 - \dfrac{6}{11}$ でもよい.

2.8 任意に選んだ製品が不良品であるという事象を F とすると，$P(F|A_1) = 0.01, P(F|A_2) = 0.02, P(F|A_3) = 0.03$ である．求める確率は，条件つき確率 $P(A_1|F)$ であり，

$$\begin{aligned} P(A_1|F) &= \dfrac{P(A_1 \cap F)}{P(F)} = \dfrac{P(F|A_1)P(A_1)}{P(F|A_1)P(A_1) + P(F|A_2)P(A_2) + P(F|A_3)P(A_3)} \\ &= \dfrac{0.01 \times 0.2}{0.01 \times 0.2 + 0.02 \times 0.3 + 0.03 \times 0.5} = \dfrac{2}{23}. \end{aligned}$$

第 3 章

◆章末問題 3 ◆

3.2 $E[X] = m$ とすると，$V_a[X] - V[X] = (a - m)^2.$

3.3 (1) $P(Y \leqq x) = P(X \leqq x^2) = \displaystyle\int_0^{x^2} f(y)\,dy$　　(2) $2xf(x^2)$

3.4 (1) $P(Z \leqq x) = P(-\sqrt{x} \leqq X \leqq \sqrt{x}) = \displaystyle\int_{-\sqrt{x}}^{\sqrt{x}} f(z)\,dz$

(2) $\dfrac{1}{2\sqrt{x}}\left(f(\sqrt{x}) + f(-\sqrt{x})\right)$

3.5 (1) $\displaystyle\sum_{r=1}^{\infty} P(X \geqq r) = \sum_{r=1}^{\infty} \sum_{\ell=r}^{\infty} P(X = \ell) = \sum_{\ell=1}^{\infty} \sum_{r=1}^{\ell} P(X = \ell) = \sum_{\ell=1}^{\infty} \ell P(X = \ell) = E[X]$

(2) $E[X] = \displaystyle\int_0^{\infty} xf(x)\,dx = \int_0^{\infty} -x(1 - F(x))'\,dx = \int_0^{\infty} (1 - F(x))\,dx$

$= \displaystyle\int_0^{\infty} P(X \geqq x)\,dx$

3.6 $P(X + Y = 0, |X - Y| = 0) = P(X = Y = 0) = \dfrac{1}{4}$

$P(X + Y = 0)P(|X - Y| = 0) = \dfrac{1}{8}$

第4章

問 4.1　(1) $_5\mathrm{C}_3 \left(\dfrac{1}{6}\right)^3 \left(1 - \dfrac{1}{6}\right)^2 = \dfrac{5^3}{3 \cdot 6^4}$

(2) $0.1405 + 0.1510 + 0.1410 + 0.1156 + 0.0841 \fallingdotseq 0.63$

問 4.2　$\displaystyle\sum_{\ell=0}^{r} {}_{n_1}\mathrm{C}_\ell \, {}_{n_2}\mathrm{C}_{r-\ell} = {}_{n_1+n_2}\mathrm{C}_r$ より，$r \leqq n_1$, $r \leqq n_2$ であれば

$$P(X_1 + X_2 = r) = \sum_{\ell=0}^{r} P(X_1 = \ell)P(X_2 = r - \ell)$$

$$= \sum_{\ell=0}^{r} {}_{n_1}\mathrm{C}_\ell \, p^\ell (1-p)^\ell \, {}_{n_2}\mathrm{C}_{r-\ell} \, p^{r-\ell}(1-p)^{n_2-(r-\ell)}$$

$$= \sum_{\ell=0}^{r} {}_{n_1}\mathrm{C}_\ell \, {}_{n_2}\mathrm{C}_{r-\ell} \, p^r (1-p)^{n_1+n_2-r} = {}_{n_1+n_2}\mathrm{C}_r \, p^r (1-p)^{n_1+n_2-r}$$

となる．その他の場合も同様である．

問 4.3　$\dfrac{P(X = r)}{P(X = r+1)} = \dfrac{r+1}{m}$ だから，

$$P(X = 0) < \cdots < P(X = m-1) = P(X = m) > P(X = m+1) > \cdots$$

となるので，$r = m - 1, m$ のときに $P(X = r)$ は最大となる．

問 4.4　二項定理より，

$$P(X_1 + X_2 = r) = \sum_{\ell=0}^{r} P(X_1 = \ell)P(X_2 = r - \ell) = \sum_{\ell=0}^{r} e^{-\lambda_1} \frac{\lambda_1{}^\ell}{\ell!} e^{-\lambda_2} \frac{\lambda_1{}^{r-\ell}}{(r-\ell)!}$$

$$= \frac{e^{-(\lambda_1+\lambda_2)}}{r!} \sum_{\ell=0}^{r} \frac{r!}{\ell!\,(r-\ell)!} \lambda_1{}^\ell \lambda_2{}^{r-\ell} = e^{-(\lambda_1+\lambda_2)} \frac{(\lambda_1+\lambda_2)^r}{r!}.$$

問 4.5　(1) $P(1 \leqq T \leqq 2) = 0.4772 - 0.3413 = 0.1359$, $P(-0.5 \leqq T \leqq 1) = 0.1915 + 0.3413 = 0.5328$, $P(T \geqq 1.5) = 0.5 - 0.4332 = 0.0668$, $P(T \leqq 1.5) = 0.5 + 0.4332 = 0.9332$.　(2) $P(4 \leqq X \leqq 6) = P\left(1 \leqq \dfrac{X-2}{2} \leqq 2\right) = 0.136$, $P(1 \leqq X \leqq 4) = P\left(-0.5 \leqq \dfrac{X-2}{2} \leqq 1\right) = 0.5328$.

問 4.6　(1) $a = -1$, $b = 0.75$　(2) $\dfrac{38-m}{\sigma} = -1$, $\dfrac{66-m}{\sigma} = 0.75$ を解いて，$m = 54$, $\sigma = 16$.

問 4.7　$\dfrac{(x-y)^2}{\sigma_1{}^2} + \dfrac{y^2}{\sigma_2{}^2} = \dfrac{\sigma_1{}^2 + \sigma^2}{\sigma_1{}^2\sigma_2{}^2}\left(y - \dfrac{\sigma_2{}^2}{\sigma_1{}^2+\sigma_2{}^2}x\right)^2 + \dfrac{x^2}{\sigma_1{}^2+\sigma_2{}^2}$ と平方完成すれば，

$$\int_{-\infty}^{\infty} \frac{1}{\sqrt{2\pi\sigma_1{}^2}} e^{-\frac{(x-y)^2}{2\sigma_1{}^2}} \frac{1}{\sqrt{2\pi\sigma_2{}^2}} e^{-\frac{y^2}{2\sigma_2{}^2}} \, dy = \frac{1}{\sqrt{2\pi(\sigma_1{}^2+\sigma_2{}^2)}} e^{-\frac{x^2}{2(\sigma_1{}^2+\sigma_2{}^2)}}.$$

◆章末問題 4 ◆

4.1 平均は,
$$E[X] = \sum_{r=0}^{n} r \,_n\mathrm{C}_r\, p^r(1-p)^{n-r} = \sum_{r=1}^{n} \frac{n\cdot(n-1)!}{(r-1)!\,(n-r)!}\, p^r(1-p)^{n-r}$$
$$= np \sum_{r=1}^{n} \,_{n-1}\mathrm{C}_{r-1}\, p^{r-1}(1-p)^{(n-1)-(r-1)} = np \sum_{\ell=0}^{n-1} \,_{n-1}\mathrm{C}_\ell\, p^\ell(1-p)^{n-1-\ell}$$
$$= np(p+(1-p))^{n-1} = np.$$
分散は,
$$E[X(X-1)] = \sum_{r=0}^{n} r(r-1) \,_n\mathrm{C}_r\, p^r(1-p)^{n-r} = \sum_{r=2}^{n} \frac{n(n-1)\cdot(n-2)!}{(r-2)!\,(n-r)!}\, p^r(1-p)^{n-r}$$
$$= n(n-1)p^2 \sum_{r=2}^{n} \,_{n-2}\mathrm{C}_{r-2}\, p^{r-2}(1-p)^{(n-2)-(r-2)}$$
$$= n(n-1)p^2 \sum_{\ell=0}^{n-2} \,_{n-2}\mathrm{C}_\ell\, p^\ell(1-p)^{n-2-\ell}$$
$$= n(n-1)p^2(p+(1-p))^{n-2} = n(n-1)p^2$$
となることから, $E[X^2] = E[X(X-1)] + E[X] = n(n-1)p^2 + np$ であり, $V[X] = E[X^2] - (E[X])^2 = np(1-p)$ となる.

4.2 $\sum_{r=0}^{\infty} e^{rt} e^{-\lambda} \frac{\lambda^r}{r!} = e^{-\lambda} \sum_{r=0}^{\infty} \frac{(\lambda e^t)^r}{r!} = e^{\lambda(e^t-1)}$.

4.3 $\int_{-\infty}^{\infty} x \frac{1}{\sqrt{2\pi\sigma^2}} e^{-\frac{(x-m)^2}{2\sigma^2}}\, dx = m + \int_{-\infty}^{\infty} \frac{1}{\sqrt{2\pi}} \frac{x-m}{\sigma} e^{-\frac{(x-m)^2}{2\sigma^2}}\, dx$ となり, 最後の
積分が対称性から 0 となることから, 正規分布 $N(m,\sigma^2)$ の平均が m であることがわかる.

標準正規分布 $N(0,1)$ の分散は, 部分積分により
$$\int_{-\infty}^{\infty} x^2 \frac{1}{\sqrt{2\pi}} e^{-\frac{x^2}{2}}\, dx = \int_{-\infty}^{\infty} x\left(-\frac{1}{\sqrt{2\pi}} e^{-\frac{x^2}{2}}\right)'\, dx = \int_{-\infty}^{\infty} \frac{1}{\sqrt{2\pi}} e^{-\frac{x^2}{2}}\, dx = 1$$
となる. 一般の場合は, これから従う.

4.4 確率密度の 2 階導関数が 0 になる点を求めればよい.

4.5 $P\left(\frac{T^2}{2} \leqq u\right) = P(-\sqrt{2u} \leqq T \leqq \sqrt{2u}) = 2 \int_0^{\sqrt{2u}} \frac{1}{\sqrt{2\pi}} e^{-\frac{x^2}{2}}\, dx$
$= \int_0^u \frac{1}{\sqrt{\pi}} t^{-\frac{1}{2}} e^{-t}\, dt$ となるから, $\frac{T^2}{2}$ はパラメータ $\frac{1}{2}$ のガンマ分布に従う.

4.6 平均は $\int_0^{\infty} x \frac{1}{\Gamma(p)} x^{p-1} e^{-x}\, dx = \frac{\Gamma(p+1)}{\Gamma(p)} = p$. 分散は,
$$\int_0^{\infty} (x-p)^2 \frac{1}{\Gamma(p)} x^{p-1} e^{-x}\, dx = \frac{1}{\Gamma(p)} \int_0^{\infty} x^2 x^{p-1} e^{-x}\, dx - p^2$$
$$= \frac{\Gamma(p+2)}{\Gamma(p)} - p^2 = p(p+1) - p^2 = p.$$

4.7 $t = \sin^2\theta$ と変数変換をすると，$\dfrac{1}{B(\frac{1}{2},\frac{1}{2})}\displaystyle\int_0^x t^{-\frac{1}{2}}(1-t)^{-\frac{1}{2}}\,dt = \dfrac{2}{\pi}\mathrm{Arcsin}\sqrt{x}$ $(0 \leqq$

$x \leqq 1)$.

4.8 まず，

$$P(X \geqq p) = \frac{\Gamma(n+1)}{\Gamma(r+1)\Gamma(n-r)}\int_p^1 x^r(1-x)^{n-r-1}\,dx$$

$$= (n-r)\, {}_n\mathrm{C}_r \int_p^1 x^r(1-x)^{n-r-1}\,dx$$

である．部分積分により

$$P(X \geqq p) = {}_n\mathrm{C}_r\, p^r(1-p)^{n-r} + r\, {}_n\mathrm{C}_r \int_p^1 x^{r-1}(1-x)^{n-r}\,dx$$

となる．さらに部分積分を繰り返すと，

$$P(X \geqq p) = {}_n\mathrm{C}_r\, p^r(1-p)^{n-r} + {}_n\mathrm{C}_{r-1}\, p^{r-1}(1-p)^{n-r+1}$$

$$+ (r-1)\, {}_n\mathrm{C}_{r-1} \int_p^1 x^{r-2}(1-x)^{n-r+1}\,dx$$

$$= \sum_{i=0}^r {}_n\mathrm{C}_i\, p^i(1-p)^{n-i} = P(S_n \leqq r)$$

となる．

4.9 (1) $Z_p + Z_q$ の積率母関数は，

$$E[e^{-t(Z_p+Z_q)}] = \int_0^\infty \int_0^\infty e^{-t(x+y)}\frac{1}{\Gamma(p)\Gamma(q)}x^{p-1}y^{q-1}e^{-x-y}\,dxdy$$

である．$x+y=\xi, x=\eta$ によって変数変換をし，さらに $\eta = \xi\zeta$ と変数変換すると，

$$E[e^{-t(Z_p+Z_q)}] = \int_0^\infty \frac{1}{\Gamma(p)\Gamma(q)}e^{-t\xi}e^{-\xi}\,d\xi \int_0^\xi \eta^{p-1}(\xi-\eta)^{q-1}\,d\eta$$

$$= \int_0^\infty \frac{1}{\Gamma(p)\Gamma(q)}e^{-t\xi}\xi^{p+q-1}e^{-\xi}\,d\xi \int_0^1 \zeta^{p-1}(1-\zeta)^{q-1}\,d\zeta$$

$$= \frac{B(p,q)}{\Gamma(p)\Gamma(q)}\int_0^\infty e^{-t\xi}\xi^{p+q-1}e^{-\xi}\,d\xi$$

となる．ガンマ関数とベータ関数の関係を用いると，結論を得る．

(2) $\dfrac{Z_p}{Z_p+Z_q}$ の積率母関数は，

$$E[e^{-t\frac{Z_p}{Z_p+Z_q}}] = \int_0^\infty \int_0^\infty e^{-t\frac{x}{x+y}}\frac{1}{\Gamma(p)\Gamma(q)}x^{p-1}y^{q-1}e^{-x-y}\,dxdy$$

である．$\xi = \dfrac{x}{x+y}, \eta = x$ によって変数変換をすると，

$$E[e^{-t\frac{Z_p}{Z_p+Z_q}}] = \int_0^1 e^{-t\xi}\frac{1}{\Gamma(p)\Gamma(q)}\frac{(1-\xi)^{q-1}}{\xi^{q+1}}\,d\xi \int_0^\infty \eta^{p+q-1}e^{-\frac{\eta}{\xi}}\,d\eta$$

$$= \int_0^1 e^{-t\xi}\frac{\Gamma(p+q)}{\Gamma(p)\Gamma(q)}\xi^{p-1}(1-\xi)^{q-1}\,d\xi$$

となる．ガンマ関数とベータ関数の関係を用いると，結論を得る．

4.10 $\dfrac{1}{\pi}\mathrm{Arctan}\left(\dfrac{x-m}{c}\right)+\dfrac{1}{2}$

4.12 超幾何分布になる：

$$P(X=r|X+Y=N)=\frac{P(X=r,X+Y=N)}{P(X+Y=N)}$$

$$=\frac{P(X=r,Y=N-r)}{P(X+Y=N)}=\frac{P(X=r)P(Y=N-r)}{P(X+Y=N)}$$

と変形して，$X+Y$ も二項分布に従うことを用いると，

$$P(X=r|X+Y=N)=\frac{{}_n\mathrm{C}_r\cdot{}_n\mathrm{C}_{N-r}}{{}_{2n}\mathrm{C}_N}$$

となる．

4.13 二項分布 $B(n,\dfrac{\lambda_1}{\lambda_1+\lambda_2})$ となる：

$$P(X=r|X+Y=n)=\frac{P(X=r,X+Y=n)}{P(X+Y=n)}=\frac{P(X=r)P(Y=n-r)}{P(X+Y=n)}$$

と変形して，$X+Y$ もポアソン分布に従うことを用いると，

$$P(X=r|X+Y=n)={}_n\mathrm{C}_r\left(\frac{\lambda_1}{\lambda_1+\lambda_2}\right)^r\left(\frac{\lambda_2}{\lambda_1+\lambda_2}\right)^{n-r}$$

となる．

4.14 関数 $f(x),g(x)\ (x\geqq1)$ を，

$$f(x)=\frac{1}{x}e^{-\frac{x^2}{2}}-\int_x^\infty e^{-\frac{u^2}{2}}\,du,\quad g(x)=\int_x^\infty e^{-\frac{u^2}{2}}\,du-\left(\frac{1}{x}-\frac{1}{x^3}\right)e^{-\frac{x^2}{2}}$$

によって定義すると，

$$f'(x)=-\frac{1}{x^2}e^{-\frac{x^2}{2}},\quad g'(x)=\left(-\frac{1}{x}+\frac{1}{x^2}-\frac{2}{x^3}\right)e^{-\frac{x^2}{2}}$$

となりともに $x>1$ に対して負である．したがって，f,g ともに単調減少であり，$x\to\infty$ のとき $f(x),g(x)\to0$ である．よって，$f(x)>0,\ g(x)>0\ (x>0)$ が成り立つ．

第5章

問 5.1　(1) 0.43, 0.56, 0.01　(2) 0.45, 0.54

問 5.2　$P(V\geqq k+1)=P(X\geqq k+1,Y\geqq k+1)=((1-p)^{k+1})^2$ より，$P(V\leqq k)=1-(1-p)^{2(k+1)}\ (k=0,1,2,\dots)$．

問 5.3　$P(U\leqq x)=x^2$ より，U の確率密度は $2x\ (0\leqq x\leqq1)$．したがって，平均は $\displaystyle\int_0^1 x\cdot2x\,dx=\frac{2}{3}$．分散は，$\displaystyle\int_0^1 x^2\cdot2x\,dx-\left(\frac{2}{3}\right)^2=\frac{1}{18}$．

$P(V\geqq x)=(1-x)^2$ より，V の確率密度は $2(1-x)$．これから，平均 $\dfrac{1}{3}$，分散 $\dfrac{1}{18}$．

問 5.4　$k\,{}_n\mathrm{C}_k(1-e^{-x})^{k-1}e^{-(n-k+1)x}$

◆章末問題 5◆

5.1 パラメータ p のガンマ分布の積率関数が，

$$\int_0^\infty e^{tx}\frac{1}{\Gamma(p)}x^{p-1}e^{-x}\,dx=\left(\frac{1}{1-t}\right)^p\qquad(t<1)$$

であることに注意すればよい．

5.2 $V[Z_i] = E[(Z_i - p)^2] = (1-p)^2 p + (0-p)^2 (1-p) = p - p^2.$

$V[U_i] = \int_0^1 (f(x) - p)^2 dx = \int_0^1 f(x)^2 dx - p^2 \leqq \int_0^1 f(x) dx - p^2 = p - p^2.$

5.3 (2) 本文中に与えた S_n の積率母関数の形を用いて整理する.

(3) $g(t)$ は $t = \log \dfrac{(p+\varepsilon)(1-p)}{p(1-p-\varepsilon)}$ のとき最大値 $h_+(\varepsilon, p)$ をとる. (2) はすべての $t > 0$ に対して成り立つので t としてこの値をとれば, 結論を得る.

5.4 本文中に与えた S_n の積率母関数の形を用いると,

$$E\left[e^{t\frac{S_n - np}{\sqrt{np(1-p)}}}\right] = \left((1-p) + pe^{\frac{t}{\sqrt{np(1-p)}}}\right)^n e^{-\frac{npt}{\sqrt{np(1-p)}}}$$

$$= \left((1-p)e^{-\frac{pt}{\sqrt{np(1-p)}}} + pe^{\frac{(1-p)t}{\sqrt{np(1-p)}}}\right)^n$$

となる. 指数関数のマクローリン展開より,

$$(1-p)e^{-\frac{pt}{\sqrt{np(1-p)}}} + pe^{\frac{(1-p)t}{\sqrt{np(1-p)}}}$$

$$= (1-p)\left(1 - \frac{pt}{\sqrt{np(1-p)}} + \frac{1}{2}\frac{p^2 t^2}{np(1-p)}\right)$$

$$+ p\left(1 + \frac{(1-p)t}{\sqrt{np(1-p)}} + \frac{1}{2}\frac{(1-p)^2 t^2}{np(1-p)}\right) + O(n^{-3/2})$$

$$= 1 + \frac{t^2}{2n} + O(n^{-3/2})$$

となることから, これを n 乗して $n \to \infty$ とすれば結論を得る.

5.5 (1) 1.96　(2) n が $\dfrac{\frac{1}{100}}{\sqrt{\frac{1}{n}\frac{1}{6}\cdot\frac{5}{6}}} = 1.96$ をみたせばよいので $n = 5336$.

5.6 (1) $k\,{}_n\mathrm{C}_k x^{k-1}(1-x)^{n-k}$.　　パラメータ $k, n+1-k$ のベータ分布.

(2) $nX_{(k)}$ の確率密度を求めて, 極限をとると

$$k\,{}_n\mathrm{C}_k \left(\frac{x}{n}\right)^{k-1}\left(1 - \frac{x}{n}\right)^{n-k}\frac{1}{n} = k\frac{n(n-1)\cdots(n-k+1)}{k!\,n^k}x^{k-1}\left(1 - \frac{x}{n}\right)^{n-k}$$

$$\to \frac{1}{(k-1)!}x^{k-1}e^{-x}$$

となり, $(k-1)! = \Gamma(k)$ より結論を得る.

5.7 $(1 - a/n)^n \to e^{-a}$ $(n \to \infty)$ より,

$P(X_{(n)} < \lambda(x + \log n)) = P(X_i < \lambda(x + \log n),\ i = 1, ..., n) = P(X_1 < \lambda(x + \log n))^n$

$$= \left(\int_0^{\lambda(x+\log n)}\frac{1}{\lambda}e^{-t/\lambda}\,dt\right)^n = \left(1 - \frac{e^{-x}}{n}\right)^n \to \exp(-e^{-x}).$$

5.8 (1) $x \leqq y$ に対して,

$$P(X_{(1)} \geqq x, X_{(n)} \leqq y) = P(x \leqq X_i \leqq y,\ i = 1, ..., n) = \left(\int_x^y f(t)\,dt\right)^n$$

が成り立つ. したがって, 求める確率密度は x, y で一度ずつ微分して符号を変えれば,

$$\frac{\partial}{\partial x}\frac{\partial}{\partial y}P(X_{(1)} \geqq x, X_{(n)} \leqq y) = -\frac{\partial}{\partial x}\Big(nf(y)\Big(\int_x^y f(t)dt\Big)^{n-1}\Big)$$

$$= n(n-1)f(x)f(y)\Big(\int_x^y f(t)dt\Big)^{n-2} = n(n-1)f(x)f(y)(F(y)-F(x))^{n-2}.$$

(2) 確率微分の形で書くと，$x_1 < x_2 < \cdots < x_r$ に対して

$$P(X_{(1)} \in dx_1, X_{(2)} \in dx_2, \cdots, X_{(r)} \in dx_r)$$

$$= {}_nC_r \cdot r! \cdot P(X_1 \in dx_1, X_2 \in dx_2, \cdots, X_r \in dx_r, X_{r+1} \geqq x_r, ..., X_n \geqq x_r)$$

$$= \frac{n!}{(n-r)!}\prod_{i=1}^r f(x_i)dx_i \times \Big(\int_{x_r}^\infty f(x)dx\Big)^{n-r}$$

が成り立つ．よって，$\dfrac{n!}{(n-r)!}(1-F(x_r))^{n-r}\displaystyle\prod_{i=1}^r f(x_i)$.

5.9 (1) $n=1$ のときは明らか．$n=2$ のときは，$\displaystyle\iint_{\{x+y \leqq t\}} dxdy = \dfrac{t^2}{2}$ である．重積分の計算は必要なく，直角をはさむ辺の長さが t の直角二等辺三角形の面積である．

$n-1$ のとき正しいとすると，

$$P(S_n \leqq t) = \int\cdots\int_{\{x_1+\cdots+x_{n-1}+x_n < t\}} dx_1 \cdots dx_{n-1}dx_n$$

$$= \int_0^t \Big(\int\cdots\int_{\{x_1+\cdots+x_{n-1}<t-x_n\}} dx_1 \cdots dx_{n-1}\Big)dx_n$$

$$= \int_0^t \frac{(t-x_n)^{n-1}}{(n-1)!}dx_n = \frac{t^n}{n!}$$

が成り立つ．よって，数学的帰納法により，結論を得る．

(2) $N(\geqq n) = P(S_{n-1} < 1)$ だから，(1) より結論を得る．$E[N]$ については，問題 3.5 を使えばよい．または，$P(N=n) = P(N \geqq n) - P(N \geqq n+1)$ より，

$$E[N] = \sum_{n=1}^\infty n\Big(\frac{1}{(n-1)!} - \frac{1}{n!}\Big) = \sum_{n=1}^\infty \frac{n(n-1)}{n!} = \sum_{n=0}^\infty \frac{1}{n!}$$

と計算すればよい．

5.10 (1) X_i の平均，分散が 1 であることからわかる．

(2) T を標準正規分布に従う確率変数とすると $P(|T| \leqq 1.96) = 0.95$ である．よって，

$$P\Big(\Big|\frac{S_n - n}{\sqrt{n}}\Big| \leqq \frac{\sqrt{n}}{10}\Big) \risingdotseq P\Big(|T| \leqq \frac{\sqrt{n}}{10}\Big) \geqq 0.95$$

より，$\dfrac{\sqrt{n}}{10} \geqq 1.96$，つまり，$n \geqq (19.6)^2$，$n \geqq 385$.

5.11 (1) $P(N(T)=0) = P(X_1 > T) = \displaystyle\int_T^\infty e^{-x}dx = e^{-T}$. $P(N(T)=1) = P(X_1 < T, X_1 + X_2 > T)$ だから，$X_1 + X_2$ はパラメータ 2 のガンマ分布に従うことより，

$$P(N(T)=1) = P(X_1 < T) - P(X_1 < T, X_1 + X_2 < T)$$

$$= P(X_1 < T) - P(X_1 + X_2 < T)$$

$$= \int_0^T e^{-x}\,dx - \int_0^T xe^{-x}\,dx = Te^{-T}.$$

(2) $P(N(T) = r) = P(X_1 + \cdots + X_r < T, X_1 + \cdots + X_r + X_{r+1} > T)$ に注意して，指数分布に従う独立確率変数の和の確率分布がガンマ分布であることを用いると，

$$P(N(T) = r) = P(X_1 + \cdots + X_r < T) - P(X_1 + \cdots + X_r + X_{r+1} < T)$$

$$= \int_0^T \frac{1}{\Gamma(r)} x^{r-1} e^{-x}\,dx - \int_0^T \frac{1}{\Gamma(r+1)} x^r e^{-x}\,dx$$

となる．右辺の第2項の積分に部分積分を適用して整理すると，$\Gamma(r+1) = r\Gamma(r)$ より結論を得る．

第6章

◆章末問題6◆

6.1 $X_1, X_2, \ldots, X_k$ を互いに独立で，それぞれ標準正規分布 $N(0,1)$ に従う確率変数列として，$X_1{}^2 + X_2{}^2 + \cdots + X_k{}^2$ の平均と分散を求めればよい．$E[X_i{}^2] = 1$ より，自由度 k のカイ2乗分布の平均は k である．分散については，$E[X_i{}^4] = 3$ より，次のように計算できる：

$$E[(X_1{}^2 + X_2{}^2 + \cdots + X_k{}^2 - k)^2]$$

$$= E[(X_1{}^2 + X_2{}^2 + \cdots + X_k{}^2)^2 - 2k(X_1{}^2 + X_2{}^2 + \cdots + X_k{}^2) + k^2]$$

$$= \sum_{i=1}^k E[X_i{}^4] + \sum_{i \neq j} E[X_i{}^2] E[X_j{}^2] - 2k^2 + k^2$$

$$= 3k + k(k-1) - k^2 = 2k$$

6.2 自由度 $k_1 + k_2$ のカイ2乗分布．

6.3 $x = 2y$ とおいて置換積分をすると，$t > 0$ に対して次が成り立つ：

$$P\left(\frac{1}{2}\chi^2 \leqq t\right) = \int_0^{2t} \frac{1}{2^{k/2}\Gamma(k/2)} x^{\frac{k-2}{2}} e^{-\frac{x}{2}}\,dx = \int_0^t \frac{1}{\Gamma(k/2)} y^{\frac{k}{2}-1} e^{-y}\,dy.$$

6.4 $\frac{1}{\lambda} x = y$ によって置換積分を行って，積率母関数の一致を見る：

$$E\left[e^{t\frac{2}{\lambda}\sum_{i=1}^n X_i}\right] = \left(\int_0^\infty e^{\frac{2t}{\lambda}x} \frac{1}{\lambda} e^{-\frac{1}{\lambda}x}\,dx\right)^n = \left(\int_0^\infty e^{-(1-2t)y}\,dy\right)^n = (1-2t)^{-n}.$$

6.5 $\left(1 + \dfrac{t^2}{k}\right)^{-\frac{k+1}{2}} \to e^{-\frac{k^2}{2}}$ は容易にわかる．したがって，$\sqrt{k}B\left(\dfrac{k}{2}, \dfrac{1}{2}\right) \to \sqrt{2\pi}$ を示せばよいが省略する．

6.6 省略．

6.7 省略．

6.8 まず，

$$P(\chi^2 \geqq 2\lambda) = \int_{2\lambda}^\infty \frac{1}{2\Gamma(k+1)} \left(\frac{y}{2}\right)^k e^{-\frac{y}{2}}\,dy = \frac{1}{\Gamma(k+1)} \int_\lambda^\infty t^k e^{-t}\,dt$$

が成り立つ．部分積分により，

$$\int_\lambda^\infty t^k e^{-t}\,dt = \lambda^k e^{-t} + k \int_\lambda^\infty t^{k-1} e^{-t}\,dt$$

となる. 以下, 部分積分を繰り返すと,

$$\int_\lambda^\infty t^k e^{-t}\,dt = k!\sum_{r=0}^k \frac{\lambda^r}{r!}e^{-\lambda}$$

が示されて, 結論を得る.

6.9 省略.

第 7 章

問 7.2 (1) $(0.195, 0.269)$ (2) $(0.183, 0.281)$

問 7.3 信頼度 95%のときは 9604 でほぼ 10000. 信頼度を 99%にすると 16641 で 17000.

問 7.4 信頼度 95%のとき $(22.36, 23.84)$, 信頼度 99%のとき $(22.12, 24.08)$.

問 7.5 $485 \pm 1.65 \cdot 40/\sqrt{20}$ を計算して, $(470.2, 499.8)$.

問 7.6 $t_{10}(0.05) = 2.228$, $t_{20}(0.01) = 2.845$

問 7.7 信頼度 95%のとき $23.1 \pm 2.262\sqrt{0.14/10}$ を計算して $(22.83, 23.37)$, 信頼度 99%のとき $23.1 \pm 3.25\sqrt{0.14/10}$ を計算して $(22.72, 23.48)$.

問 7.8 自由度 40 の場合の数値を代用して計算する.

信頼度 95%のとき $4.01 \pm 2.021 \cdot 0.08/\sqrt{40}$ を計算して $(3.984, 4.036)$, 信頼度 99%のとき $4.01 \pm 2.704 \cdot 0.08/\sqrt{40}$ を計算して $(3.976, 4.044)$.

問 7.9 信頼度 90%の場合, $\chi_9^2(0.05) = 3.33$, $\chi^2(0.95) = 16.92$ より $(0.074, 0.378)$ となる. 信頼度 95%の場合, $\chi_9^2(0.025) = 19.02$, $\chi^2(0.975) = 2.70$ より $(0.066, 0.467)$ となる.

◆章末問題 7 ◆

7.1 (1) は容易だから省略する.

(2) 母分散を σ^2 とすると, Y_n の分散は標本の独立性から

$$E\left[\left(\sum_{i=1}^n c_i X_i - m\right)^2\right] = E\left[\left(\sum_{i=1}^n c_i(X_i - m)\right)^2\right] = \sum_{i=1}^n c_i{}^2 \sigma^2$$

となる. ここで,

$$0 \le \sum_{i=1}^n \left(c_i - \frac{1}{n}\right)^2 = \sum_{i=1}^n c_i{}^2 - \frac{2}{n}\sum_{i=1}^n c_i + \frac{1}{n} = \sum_{i=1}^n c_i{}^2 - \frac{1}{n}$$

に注意すると, 結論を得る.

7.2 (1) $T_1, T_2, \ldots, T_{n-1}$ をそれぞれ標準正規分布に従う, 独立で同分布の確率変数列とすると, u^2 は $U^2 = \dfrac{\sigma^2}{n-1}\sum_{i=1}^{n-1} T_i{}^2$ と同じ確率分布をもつ. したがって, U^2 の分散を求めればよいが, これは $i \ne j$ のときの T_i と T_j の独立性から

$$E\left[\left(\frac{\sigma^2}{n-1}\sum_{i=1}^{n-1} T_i{}^2 - \sigma^2\right)^2\right] = E\left[\left(\frac{\sigma^2}{n-1}\sum_{i=1}^{n-1}(T_i{}^2 - 1)\right)^2\right]$$

$$= \frac{\sigma^4}{(n-1)^2}\sum_{i=1}^{n-1} E[(T_i{}^2 - 1)^2]$$

と計算され, $E[T_i{}^2] = 1, E[T_i{}^4] = 3$ を用いると $\dfrac{2\sigma^4}{n-1}$ となる.

(2) チェビシェフの不等式による.

7.3 対数尤度関数は

$$\ell_n(\xi_1, \xi_2, \ldots, \xi_n \,; v) = \sum_{i=1}^{n} \left(-\frac{1}{2} \log\left(2\pi v\right) - \frac{(\xi_i - m)^2}{2v} \right)$$

であり，v に関する導関数は

$$\frac{\partial \ell_n}{\partial v} = -\frac{n}{2v} + \frac{1}{2v^2} \sum_{i=1}^{n} (\xi_i - m)^2$$

である．$I(v) = \dfrac{1}{2v^2}$ より，定理 7.2 を用いると

$$T_n = v + \left(\frac{n}{2v^2}\right)^{-1}\left(-\frac{n}{2v} + \frac{1}{2v^2}\sum_{i=1}^{n}(\xi_i - m)^2\right) = \frac{1}{n}\sum_{i=1}^{n}(\xi_i - m)^2$$

となる．

7.4 (1) A の母比率を p として，$f_1(p) = {}_n\mathrm{C}_{r_1}\, p^{r_1}(1-p)^{n-r_1}$ を最大にする p を求めればよい．
$$f_1'(p) = {}_n\mathrm{C}_{r_1}\, p^{r_1-1}(1-p)^{n-r_1-1}(r_1 - np)$$
より，$p = \dfrac{r_1}{n}$ のとき $f_1(p)$ は最大で，これが母比率に対する最尤推定値である．

(2) 1 回目 r_1，2 回目 r_2 が A である確率は
$$f_2(p) = {}_n\mathrm{C}_{r_1}\, p^{r_1}(1-p)^{n-r_1} \cdot {}_n\mathrm{C}_{r_2}\, p^{r_2}(1-p)^{n-r_2}$$
であり，これを最大にする p が最尤推定値で，(1) と同様に計算すると $\dfrac{r_1 + r_2}{2n}$ である．

7.5 2 回目に捕獲した n 匹中 x 匹に印が付いている確率 U_N は，
$$U_N = \frac{{}_r\mathrm{C}_x \cdot {}_{N-r}\mathrm{C}_{n-x}}{{}_N\mathrm{C}_n}$$
である．$\dfrac{U_{N+1}}{U_N} \geqq 1$ であるための必要十分条件を求めると $N \leqq \dfrac{nr}{x} - 1$ であり，$N = \left[\dfrac{nr}{x}\right]\left(\dfrac{nr}{x}\ \text{の整数部分}\right)$ のとき U_N は最大で，これが最尤推定値である．

7.6 信頼度 95% のとき $0.48 \pm 1.96 \cdot \sqrt{0.48 \cdot 0.52/1800}$ を計算して $(0.457, 0.503)$，信頼度 99% のとき $0.48 \pm 2.58 \cdot \sqrt{0.48 \cdot 0.52/1800}$ を計算して $(0.450, 0.510)$．

7.7 $1.96\dfrac{\sigma}{\sqrt{n}} \leqq 0.1$ であればよいので，$n \geqq (19.6)^2\sigma^2$．

7.8 (1) 信頼度 90% の場合，$62.3 \pm 1.645\sqrt{\dfrac{256}{400}}$ より $(60.98, 63.62)$．信頼度 95% の場合，$62.3 \pm 1.96\sqrt{\dfrac{256}{400}}$ より $(60.73, 63.87)$．

(2) 標本数が多いので，$t_{400}(0.1) = 1.645$，$t_{400}(0.5) = 1.96$ として計算する．信頼度 90% の場合，$62.3 \pm 1.645\sqrt{\dfrac{196}{400}}$ より $(61.15, 63.45)$．信頼度 95% の場合，$62.3 \pm 1.96\sqrt{\dfrac{196}{400}}$ より $(60.93, 63.67)$．

7.9 $40 \pm 1.711\sqrt{\dfrac{16^2}{25}}$ より $(34.5, 45.5)$．

7.10 $X_1, \ldots, X_{n_1}$ を $N(m_1, \sigma_1{}^2)$ からの，$Y_1, \ldots, Y_{n_2}$ を $N(m_2, \sigma_2{}^2)$ からの無作為標本とする．標本平均 $\overline{X}_{n_1}, \overline{Y}_{n_2}$ は正規分布 $N\left(m_1, \dfrac{\sigma_1{}^2}{n_1}\right)$，$N\left(m_2, \dfrac{\sigma_2{}^2}{n_2}\right)$ に従い，これらは独立であ

る．したがって，$\overline{X}_{n_1} - \overline{Y}_{n_2}$ は正規分布 $N\left(m_1 - m_2, \dfrac{{\sigma_1}^2}{n_1} + \dfrac{{\sigma_2}^2}{n_2}\right)$ に従う．これから，区間推定の議論により

$$\left(\overline{x}_{n_1} - \overline{y}_{n_2} - 1.96\sqrt{\dfrac{{\sigma_1}^2}{n_1} + \dfrac{{\sigma_2}^2}{n_2}}, \overline{x}_{n_1} - \overline{y}_{n_2} + 1.96\sqrt{\dfrac{{\sigma_1}^2}{n_1} + \dfrac{{\sigma_2}^2}{n_2}}\right)$$

が母平均の差 $m_1 - m_2$ に対する信頼度95%の信頼区間となる．

7.11 (1) 1536　　(2) $435 \pm 2.064 \cdot 40/\sqrt{25}$ を計算して $(418.5, 451.5)$

第8章

問 8.1　(1) 全体の視聴率を p として，$p = 0.3$.
(2) S を二項分布 $B(600, 0.3)$ に従う確率変数とすると，

$$P(S - 600 \cdot 0.3 \geqq 600 \cdot 0.34 - 600 \cdot 0.3) = P\left(\dfrac{S - 600}{\sqrt{600 \cdot 0.3 \cdot 0.7}} \geqq \dfrac{23.5}{\sqrt{600 \cdot 0.3 \cdot 0.7}}\right)$$
$$= 0.018$$

となるので，危険率5%で普段より高かったと判定される．
(3) $P(600 \geqq a) = 0.05$, $P(600 \geqq b) = 0.01$ となるのは，$a = 199$, $b = 206$ となるので，危険率5%の棄却域は600軒中の視聴率が33.2%以上，危険率1%の棄却域は34.3%以上となる．

問 8.2　危険率5%の棄却域は，$1.96\sqrt{\dfrac{(0.15)^2}{20}} \fallingdotseq 0.066$ より大きさ20の場合，標本平均と仮説のもとでの平均との差が0.066以上の集合である．いま，差が0.07あるので，危険率5%で帰無仮説 $m = 5.0$ は棄却され，調整の必要があると判定される．

問 8.3　危険率5%の棄却域は，$1.65\sqrt{\dfrac{(12)^2}{50}} \fallingdotseq 2.80$ より大きさ50の標本の場合，標本平均が55より2.8以上大きいという集合である．したがって，危険率5%で成果があったと判定される．

問 8.4　$T_9(0.05) = 2.262$, $2.262 \cdot \sqrt{\dfrac{600}{9 \cdot 10}} \fallingdotseq 5.84$ より，危険率5%の棄却域は標本平均と公表数値2000との差が5.84以上の集合である．いま，標本平均は1990で10の差があるので，危険率5%で間違いであると判定される．

問 8.5　10個の標本の標本平均は14.75，標本分散は0.1425である．（標本分散の方が計算が易しいので，ここでは標本分散を採用した．）

$$14.75 - 15 = -0.25 < -1.833 \cdot \sqrt{\dfrac{0.1425}{9}} \fallingdotseq -0.23$$

となるから，0.25分の短縮は大きいといえる．つまり，作業能率が上がったといえる．

問 8.6　薬品 U を投与したマウスに対する効果は0.5であり，薬品 V を投与した方は0.3である．$\dfrac{|0.5 - 0.3|}{\sqrt{(1/120 + 1/80) \cdot 0.42 \cdot 0.58}} = 2.81 > 1.96$ となるから，危険率5%で U の効果が多いと判定される．

問 8.7　$1.96\sqrt{\dfrac{(15)^2}{150} + \dfrac{(12)^2}{200}} \fallingdotseq 2.92$ だから，危険率5%で差があると判定される．

問 **8.8** $t_{118}(0.05) = 1.96$ より，$t_{118}(0.05)\sqrt{\left(\dfrac{1}{60} + \dfrac{1}{60}\right)\dfrac{59 \cdot (15)^2 + 59 \cdot (12)^2}{118}} = 4.91$
となるから，危険率 5% で B 組の方が成績がよいと判定される．

問 **8.9** 自由度は，$n_1 = 40$，$n_2 = 60$，$u_X{}^2 = (12.1)^2$，$u_Y{}^2 = (7.2)^2$ を代入して計算すると
57.47 となり，60 で代用できる．統計量は，$\dfrac{-3}{\sqrt{\dfrac{(12.1)^2}{40} + \dfrac{(7.2)^2}{60}}} = 1.41 < t_{60}(0.05)$ となる
から，危険率 5% で帰無仮説 $m_1 = m_2$ は採択され，平均に差があるとはいえない．

問 **8.10** $\dfrac{(60 - 76)^2}{76} + \dfrac{(65 - 62)^2}{62} + \dfrac{(57 - 44)^2}{44} + \dfrac{(18 - 18)^2}{18} = 7.354$，$\chi_3{}^2(0.05) =$
7.81 だから危険率 5% で，有意差は認められない．

問 **8.11** $\dfrac{(143 - 125)^2}{125} + \dfrac{(220 - 250)^2}{250} + \dfrac{(137 - 125)^2}{125} = 7.344$，$\chi_2{}^2(0.05) = 5.99$ だ
から，危険率 5% で有意差が認められ，何か原因があると判定される．

問 **8.12** $\dfrac{(33 - 27)^2}{27} + \dfrac{(17 - 23)^2}{23} + \dfrac{(21 - 27)^2}{27} + \dfrac{(29 - 23)^2}{23} = 5.791$，$\chi_1(0.05) = 3.84$
だから危険率 5% で，男女による違いがあると判定される．

◆章末問題 8 ◆

8.1 (1) 検定すべき帰無仮説は，6 の出る確率は $\dfrac{1}{6}$ である，である．標本中の割合 0.22 との差が
大きいかどうかを判定する．

$n = 50$ のときの危険率 5% の棄却域は，$\dfrac{1}{6} \pm 1.96\sqrt{\dfrac{1}{6}\dfrac{5}{6}\Big/50}$ を計算して，$p < 0.06$ また
は $p > 0.270$ となる．したがって，危険率 5% で 6 が出やすいとはいえない．
(2) $n = 500$ のときの危険率 5% の棄却域は，$p < 0.134$ または $p > 0.199$ である．0.22 は棄却
域に入るから危険率 5% で，6 が出やすいと判定される．

8.2 危険率 5% の棄却域は，$0.45 \pm 1.96\sqrt{\dfrac{0.45 \times 0.55}{250}}$ を計算して $p < 0.388$ または $p > 0.512$
となる．危険率 5% で上昇したとはいえない．

8.3 両側検定を行う．高いといえる．$141.5 + 1.96\sqrt{\dfrac{(5.1)^2}{20}} = 143.7$ だから，20 人の平均が
143.7 以上であれば危険率 5% で，全国平均と同じであるという帰無仮説を棄却することになる．

8.4 片側検定を行う．棄却域は 50 人の平均が $5.2 - 1.65\sqrt{\dfrac{6^2}{50}} = 3.80$ より小さいならば危険
5% で効果があったと判定される．このデータからは，効果があるとはいえない．

8.5 $t_{19}(0.05) = 2.093$，$t_{19}(0.01) = 2.861$ だから，危険率 5%，1% の棄却域はそれぞれ，
「$p < 526.3$ または $p > 533.74$」と「$p < 524.88$ または $p > 535.12$」となる．したがって，危険
率 5% でも，1% でも，表示に誤りがあると判定される．

8.6 $t_{38}(0.05)$ は $t_{40}(0.05) = 2.021$ で代用すると，標本平均の差 5 と

$2.021\sqrt{(1/20 + 1/20)\dfrac{19 * 7^2 + 19 * 5.5^2}{38}} = 4.02$ を比べて，危険率 5% で母平均には差がある
と判定される．

8.7 $\dfrac{(60 - 350 \cdot \frac{200}{350} \cdot \frac{90}{350})^2}{350 \cdot \frac{200}{350} \frac{90}{350}} + \dfrac{(140 - 350 \cdot \frac{200}{350} \cdot \frac{260}{350})^2}{350 \cdot \frac{200}{350} \frac{260}{350}} + \dfrac{(30 - 350 \cdot \frac{150}{350} \cdot \frac{90}{350})^2}{350 \cdot \frac{150}{350} \frac{90}{350}} +$

$\dfrac{(120 - 350 \cdot \frac{150}{350} \cdot \frac{260}{350})^2}{350 \cdot \frac{150}{350} \frac{260}{350}} = 4.487$ であり，$\chi_1(0.05) = 3.84$ だから危険率 5% で関係がある

と判定される．

8.8 $\dfrac{(180 - 1300 \cdot \frac{600}{1300} \cdot \frac{450}{1300})^2}{1300 \cdot \frac{600}{1300} \frac{450}{1300}} + \dfrac{(315 - 1300 \cdot \frac{600}{1300} \cdot \frac{600}{1300})^2}{1300 \cdot \frac{600}{1300} \frac{600}{1300}} +$

$\dfrac{(105 - 1300 \cdot \frac{600}{1300} \cdot \frac{250}{1300})^2}{1300 \cdot \frac{600}{1300} \frac{250}{1300}} + \dfrac{(100 - 1300 \cdot \frac{300}{1300} \cdot \frac{450}{1300})^2}{1300 \cdot \frac{300}{1300} \frac{450}{1300}} +$

$\dfrac{(130 - 1300 \cdot \frac{300}{1300} \cdot \frac{600}{1300})^2}{1300 \cdot \frac{300}{1300} \frac{600}{1300}} + \dfrac{(70 - 1300 \cdot \frac{300}{1300} \cdot \frac{250}{1300})^2}{1300 \cdot \frac{300}{1300} \frac{250}{1300}} +$

$\dfrac{(80 - 1300 \cdot \frac{250}{1300} \cdot \frac{450}{1300})^2}{1300 \cdot \frac{250}{1300} \frac{450}{1300}} + \dfrac{(120 - 1300 \cdot \frac{250}{1300} \cdot \frac{600}{1300})^2}{1300 \cdot \frac{250}{1300} \frac{600}{1300}} +$

$\dfrac{(50 - 1300 \cdot \frac{250}{1300} \cdot \frac{250}{1300})^2}{1300 \cdot \frac{250}{1300} \frac{250}{1300}} + \dfrac{(90 - 1300 \cdot \frac{150}{1300} \cdot \frac{450}{1300})^2}{1300 \cdot \frac{150}{1300} \frac{450}{1300}} +$

$\dfrac{(35 - 1300 \cdot \frac{150}{1300} \cdot \frac{600}{1300})^2}{1300 \cdot \frac{150}{1300} \frac{600}{1300}} + \dfrac{(25 - 1300 \cdot \frac{150}{1300} \cdot \frac{250}{1300})^2}{1300 \cdot \frac{150}{1300} \frac{250}{1300}} = 59.26$ であり，$\chi_6(0.05) =$

12.59 だから危険率 5% で関係があると判定される．

8.9 (1) それぞれの目が出る確率は $\dfrac{1}{6}$ である．

(2) カイ 2 乗分布表から $\chi_5{}^2(0.05) = 11.07$, $\chi_5{}^2(0.01) = 15.09$ である．いま，データから

$\dfrac{(15 - 29)^2}{20} + \dfrac{(21 - 20)^2}{20} + \dfrac{(27 - 20)^2}{20} \dfrac{(15 - 20)^2}{20} + \dfrac{(12 - 20)^2}{20} + \dfrac{(30 - 20)^2}{20} = 13.2$

であるから，危険率 5% では帰無仮説は棄却され公平でないと判定されるが，危険率 1% では帰無仮説は採択され公平でないとはいえない．

第 9 章

問 9.1 分数で書くと，

$$\overline{x}_7 = 30,\ \overline{y}_7 = 450,\ s_x^2 = \frac{32}{7},\ s_{xy} = \frac{370}{7},\ s = \frac{9663}{8}$$

となり，回帰係数が $a_7 = \dfrac{370}{32}$, $b_n = \dfrac{825}{8}$ となる．よって，$t_5(0.05) = 2.571$ より，§ 9.4 最後に与えた信頼区間に数値を代入すると，$(452.4, 563.2)$ となる．

◆章末問題 9 ◆

9.1 $y = 0.8x + 16$

9.2 § 9.3 と同じ記号を用いると，

$$\frac{|a - a_0|}{\sqrt{\dfrac{S}{n(n-2)s_x{}^2}}} \geqq t_{n-2}(\alpha)$$

であれば，危険率 α で帰無仮説 H を棄却する．

付表1　二項分布表

$$n, p, r \mapsto {}_nC_r\, p^r (1-p)^{n-r}$$

$n = 5$

r \ p	$\dfrac{1}{8}$	$\dfrac{1}{6}$	$\dfrac{1}{2}$
0	0.5129	0.4019	0.0313
1	.3664	.4019	.1563
2	.1041	.1608	.3125
3	.0150	.0322	.3125
4	.0011	.0032	.1563
5	.0000	.0001	.0313

$n = 10$

r \ p	$\dfrac{1}{8}$	$\dfrac{1}{6}$	$\dfrac{1}{2}$
0	0.2631	0.1615	0.0010
1	.3758	.3230	.0098
2	.2416	.2907	.0439
3	.0920	.1550	.1172
4	.0230	.0543	.2051
5	.0039	.0130	.2461
6	.0005	.0022	.2051
7	.0000	.0002	.1172
8		.0000	.0439
9			.0098
10			.0010

$n = 20$

r \ p	$\dfrac{1}{8}$	$\dfrac{1}{6}$	$\dfrac{1}{2}$
0	0.0692	0.0261	0.0000
1	.1977	.1043	.0000
2	.2684	.1892	.0002
3	.2300	.2379	.0011
4	.1397	.2022	.0046
5	.0638	.1294	.0148
6	.0228	.0647	.0370
7	.0065	.0259	.0739
8	.0015	.0084	.1201
9	.0003	.0022	.1602
10	.0000	.0005	.1762
11		.0001	.1602
12		.0000	.1201
13			.0739
14			.0370
15			.0148
16			.0046
17			.0011
18			.0002
19			.0000
20			

$n = 50$

r \ p	$\dfrac{1}{8}$	$\dfrac{1}{6}$	$\dfrac{1}{2}$
0	0.0013	0.0001	
1	.0090	.0011	
2	.0315	.0054	
3	.0720	.0172	
4	.1209	.0405	
5	.1589	.0745	
6	.1702	.1118	
7	.1528	.1405	
8	.1174	.1510	
9	.0782	.1410	
10	.0458	.1156	
11	.0238	.0841	.0000
12	.0111	.0546	.0001
13	.0046	.0319	.0003
14	.0017	.0169	.0008
15	.0006	.0081	.0020
16	.0002	.0035	.0044
17	.0001	.0014	.0087
18	.0000	.0005	.0160
19		.0002	.0270
20		.0001	.0419
21		.0000	.0598
22			.0788
23			.0960
24			.1080
25			.1123

注意　　$P_{50,\frac{1}{2}}(r)$, $r \geqq 26$ は $P_{50,\frac{1}{2}}(r) = P_{50,\frac{1}{2}}(50-r)$ を用いれば求まる.

付表 2 正規分布表 I

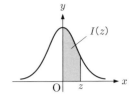

$$z \to I(z) = \frac{1}{\sqrt{2\pi}} \int_0^z e^{-\frac{x^2}{2}} \, dx$$

z	0.00	0.01	0.02	0.03	0.04	0.05	0.06	0.07	0.08	0.09
0.0	.0000	.0040	.0080	.0120	.0160	.0199	.0239	.0279	.0319	.0359
0.1	.0398	.0438	.0478	.0517	.0557	.0596	.0636	.0675	.0714	.0753
0.2	.0793	.0832	.0871	.0910	.0948	.0987	.1026	.1064	.1103	.1141
0.3	.1179	.1217	.1255	.1293	.1331	.1368	.1406	.1443	.1480	.1517
0.4	.1554	.1591	.1628	.1664	.1700	.1736	.1772	.1808	.1844	.1879
0.5	.1915	.1950	.1985	.2019	.2054	.2088	.2123	.2157	.2190	.2224
0.6	.2257	.2291	.2324	.2357	.2389	.2422	.2454	.2486	.2517	.2549
0.7	.2580	.2611	.2642	.2673	.2704	.2734	.2764	.2794	.2823	.2852
0.8	.2881	.2910	.2939	.2967	.2995	.3023	.3051	.3078	.3106	.3133
0.9	.3159	.3186	.3212	.3238	.3264	.3289	.3315	.3340	.3365	.3389
1.0	.3413	.3438	.3461	.3485	.3508	.3531	.3554	.3577	.3599	.3621
1.1	.3643	.3665	.3686	.3708	.3729	.3749	.3770	.3790	.3810	.3830
1.2	.3849	.3869	.3888	.3907	.3925	.3944	.3962	.3980	.3997	.4015
1.3	.4032	.4049	.4066	.4082	.4099	.4115	.4131	.4147	.4162	.4177
1.4	.4192	.4207	.4222	.4236	.4251	.4265	.4279	.4292	.4306	.4319
1.5	.4332	.4345	.4357	.4370	.4382	.4394	.4406	.4418	.4429	.4441
1.6	.4452	.4463	.4474	.4484	.4495	.4505	.4515	.4525	.4535	.4545
1.7	.4554	.4564	.4573	.4582	.4591	.4599	.4608	.4616	.4625	.4633
1.8	.4641	.4649	.4656	.4664	.4671	.4678	.4686	.4693	.4699	.4706
1.9	.4713	.4719	.4726	.4732	.4738	.4744	.4750	.4756	.4761	.4767
2.0	.4772	.4778	.4783	.4788	.4793	.4798	.4803	.4808	.4812	.4817
2.1	.4821	.4826	.4830	.4834	.4838	.4842	.4846	.4850	.4854	.4857
2.2	.4861	.4864	.4868	.4871	.4875	.4878	.4881	.4884	.4887	.4890
2.3	.4893	.4896	.4898	.4901	.4904	.4906	.4909	.4911	.4913	.4916
2.4	.4918	.4920	.4922	.4925	.4927	.4929	.4931	.4932	.4934	.4936
2.5	.4938	.4940	.4941	.4943	.4945	.4946	.4948	.4949	.4951	.4952
2.6	.4953	.4955	.4956	.4957	.4959	.4960	.4961	.4962	.4963	.4964
2.7	.4965	.4966	.4967	.4968	.4969	.4970	.4971	.4972	.4973	.4974
2.8	.4974	.4975	.4976	.4977	.4977	.4978	.4979	.4979	.4980	.4981
2.9	.4981	.4982	.4982	.4983	.4984	.4984	.4985	.4985	.4986	.4986

付表 3　正規分布表 II

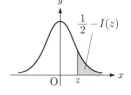

$$\frac{1}{2} - I(z) = \int_z^\infty \frac{1}{\sqrt{2\pi}} e^{-\frac{x^2}{2}}\, dx \to z$$

小数位	.000	.001	.002	.003	.004	.005	.006	.007	.008	.009	.010
.00	∞	3.0902	2.8782	2.7478	2.6521	2.5758	2.5121	2.4573	2.4089	2.3656	2.3263
.01	2.3263	2.2904	2.2571	2.2262	2.1973	2.1701	2.1444	2.1201	2.0969	2.0749	2.0537
.02	2.0537	2.0335	2.0141	1.9954	1.9774	1.9600	1.9431	1.9268	1.9110	1.8957	1.8808
.03	1.8808	1.8663	1.8522	1.8384	1.8250	1.8119	1.7991	1.7866	1.7744	1.7624	1.7507
.04	1.7507	1.7392	1.7279	1.7169	1.7060	1.6954	1.6849	1.6747	1.6646	1.6546	1.6449
.05	1.6449	1.6352	1.6258	1.6164	1.6072	1.5982	1.5893	1.5805	1.5718	1.5632	1.5548
.06	1.5548	1.5464	1.5382	1.5301	1.5220	1.5141	1.5063	1.4985	1.4909	1.4833	1.4758
.07	1.4758	1.4684	1.4611	1.4538	1.4466	1.4395	1.4325	1.4255	1.4187	1.4118	1.4051
.08	1.4051	1.3984	1.3917	1.3852	1.3787	1.3722	1.3658	1.3595	1.3532	1.3469	1.3408
.09	1.3408	1.3346	1.3285	1.3225	1.3165	1.3106	1.3047	1.2988	1.2930	1.2873	1.2816
.10	1.2816	1.2759	1.2702	1.2646	1.2591	1.2536	1.2481	1.2426	1.2372	1.2319	1.2265
.11	1.2265	1.2212	1.2160	1.2107	1.2055	1.2004	1.1952	1.1901	1.1850	1.1800	1.1750
.12	1.1750	1.1700	1.1650	1.1601	1.1552	1.1503	1.1455	1.1407	1.1359	1.1311	1.1264
.13	1.1264	1.1217	1.1170	1.1123	1.1077	1.1031	1.0985	1.0939	1.0893	1.0848	1.0803
.14	1.0803	1.0758	1.0714	1.0669	1.0625	1.0581	1.0537	1.0494	1.0450	1.0407	1.0364
.15	1.0364	1.0322	1.0279	1.0237	1.0194	1.0152	1.0110	1.0069	1.0027	0.9986	0.9945
.16	0.9945	0.9904	0.9863	0.9822	0.9782	0.9741	0.9701	0.9661	0.9621	0.9581	0.9542
.17	0.9542	0.9502	0.9463	0.9424	0.9385	0.9346	0.9307	0.9269	0.9230	0.9192	0.9154
.18	0.9154	0.9116	0.9078	0.9040	0.9002	0.8965	0.8927	0.8890	0.8853	0.8816	0.8779
.19	0.8779	0.8742	0.8705	0.8669	0.8633	0.8596	0.8560	0.8524	0.8488	0.8452	0.8416
.20	0.8416	0.8381	0.8345	0.8310	0.8274	0.8239	0.8204	0.8169	0.8134	0.8099	0.8064
.21	0.8064	0.8030	0.7995	0.7961	0.7926	0.7892	0.7858	0.7824	0.7790	0.7756	0.722
.22	0.7722	0.7688	0.7655	0.7621	0.7588	0.7554	0.7521	0.7488	0.7454	0.7421	0.7388
.23	0.7388	0.7356	0.7323	0.7290	0.7257	0.7225	0.7192	0.7160	0.7128	0.7095	0.7063
.24	0.7063	0.7031	0.6999	0.6967	0.6935	0.6903	0.6871	0.6840	0.6808	0.6776	0.6745
.25	0.6745	0.6713	0.6682	0.6651	0.6620	0.6588	0.6557	0.6526	0.6495	0.6464	0.6433
.26	0.6433	0.6403	0.6372	0.6341	0.6311	0.6280	0.6250	0.6219	0.6189	0.6158	0.6128
.27	0.6128	0.6098	0.6068	0.6038	0.6008	0.5978	0.5948	0.5918	0.5888	0.5858	0.5828
.28	0.5828	0.5799	0.5769	0.5740	0.5710	0.5681	0.5651	0.5622	0.5592	0.5563	0.5534
.29	0.5534	0.5505	0.5476	0.5446	0.5417	0.5388	0.5359	0.5330	0.5302	0.5273	0.5244
.30	0.5244	0.5215	0.5187	0.5158	0.5129	0.5101	0.5072	0.5044	0.5015	0.4987	0.4959
.31	0.4959	0.4930	0.4902	0.4874	0.4845	0.4817	0.4789	0.4761	0.4733	0.4705	0.4677
.32	0.4677	0.4649	0.4621	0.4593	0.4565	0.4538	0.4510	0.4482	0.4454	0.4427	0.4399
.33	0.4399	0.4372	0.4344	0.4316	0.4289	0.4261	0.4234	0.4207	0.4179	0.4152	0.4125
.34	0.4125	0.4097	0.4070	0.4043	0.4016	0.3989	0.3961	0.3934	0.3907	0.3880	0.3853
.35	0.3853	0.3826	0.3799	0.3772	0.3745	0.3719	0.3692	0.3665	0.3638	0.3611	0.3585
.36	0.3585	0.3558	0.3531	0.3505	0.3478	0.3451	0.3425	0.3398	0.3372	0.3345	0.3319
.37	0.3319	0.3292	0.3266	0.3239	0.3213	0.3186	0.3160	0.3134	0.3107	0.3081	0.3055
.38	0.3055	0.3029	0.3002	0.2976	0.2950	0.2924	0.2898	0.2871	0.2845	0.2819	0.2793
.39	0.2793	0.2767	0.2741	0.2715	0.2689	0.2663	0.2637	0.2611	0.2585	0.2559	0.2533
.40	0.2533	0.2508	0.2482	0.2456	0.2430	0.2404	0.2378	0.2353	0.2327	0.2301	0.2275
.41	0.2275	0.2250	0.2224	0.2198	0.2173	0.2147	0.2121	0.2096	0.2070	0.2045	0.2019
.42	0.2019	0.1993	0.1968	0.1942	0.1917	0.1891	0.1866	0.1840	0.1815	0.1789	0.1764
.43	0.1764	0.1738	0.1713	0.1687	0.1662	0.1637	0.1611	0.1586	0.1560	0.1535	0.1510
.44	0.1510	0.1484	0.1459	0.1434	0.1408	0.1383	0.1358	0.1332	0.1307	0.1282	0.1257
.45	0.1257	0.1231	0.1206	0.1181	0.1156	0.1130	0.1105	0.1080	0.1055	0.1030	0.1004
.46	0.1004	0.0979	0.0954	0.0929	0.0904	0.0878	0.0853	0.0828	0.0803	0.0778	0.0753
.47	0.0753	0.0728	0.0702	0.0677	0.0652	0.0627	0.0602	0.0577	0.0552	0.0527	0.0502
.48	0.0502	0.0476	0.0451	0.0426	0.0401	0.0376	0.0351	0.0326	0.0301	0.0276	0.0251
.49	0.0251	0.0226	0.0201	0.0175	0.0150	0.0125	0.0100	0.0075	0.0050	0.0025	0.0000

付表4　*t*分布表

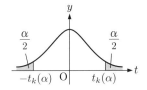

k＼α	0.50	0.40	0.30	0.20	0.10	0.05	0.02	0.01	0.001
1	1.000	1.376	1.963	3.078	6.314	12.706	31.821	63.657	636.619
2	0.816	1.061	1.386	1.886	2.920	4.303	6.965	9.925	31.599
3	0.765	0.978	1.250	1.638	2.353	3.182	4.541	5.841	12.924
4	0.741	0.941	1.190	1.533	2.132	2.776	3.747	4.604	8.610
5	0.727	0.920	1.156	1.476	2.015	2.571	3.365	4.032	6.869
6	0.718	0.906	1.134	1.440	1.943	2.447	3.143	3.707	5.959
7	0.711	0.896	1.119	1.415	1.895	2.365	2.998	3.499	5.408
8	0.706	0.889	1.108	1.397	1.860	2.306	2.896	3.355	5.041
9	0.703	0.883	1.100	1.383	1.833	2.262	2.821	3.250	4.781
10	0.700	0.879	1.093	1.372	1.812	2.228	2.764	3.169	4.587
11	0.697	0.876	1.088	1.363	1.796	2.201	2.718	3.106	4.437
12	0.695	0.873	1.083	1.356	1.782	2.179	2.681	3.055	4.318
13	0.694	0.870	1.079	1.350	1.771	2.160	2.650	3.012	4.221
14	0.692	0.868	1.076	1.345	1.761	2.145	2.624	2.977	4.140
15	0.691	0.866	1.074	1.341	1.753	2.131	2.602	2.947	4.073
16	0.690	0.865	1.071	1.337	1.746	2.120	2.583	2.921	4.015
17	0.689	0.863	1.069	1.333	1.740	2.110	2.567	2.898	3.965
18	0.688	0.862	1.067	1.330	1.734	2.101	2.552	2.878	3.922
19	0.688	0.861	1.066	1.328	1.729	2.093	2.539	2.861	3.883
20	0.687	0.860	1.064	1.325	1.725	2.086	2.528	2.845	3.850
21	0.686	0.859	1.063	1.323	1.721	2.080	2.518	2.831	3.819
22	0.686	0.858	1.061	1.321	1.717	2.074	2.508	2.819	3.792
23	0.685	0.858	1.060	1.319	1.714	2.069	2.500	2.807	3.768
24	0.685	0.857	1.059	1.318	1.711	2.064	2.492	2.797	3.745
25	0.684	0.856	1.058	1.316	1.708	2.060	2.485	2.787	3.725
26	0.684	0.856	1.058	1.315	1.706	2.056	2.479	2.779	3.707
27	0.684	0.855	1.057	1.314	1.703	2.052	2.473	2.771	3.690
28	0.683	0.855	1.056	1.313	1.701	2.048	2.467	2.763	3.674
29	0.683	0.854	1.055	1.311	1.699	2.045	2.462	2.756	3.659
30	0.683	0.854	1.055	1.310	1.697	2.042	2.457	2.750	3.646
40	0.681	0.851	1.050	1.303	1.684	2.021	2.423	2.704	3.551
60	0.679	0.848	1.045	1.296	1.671	2.000	2.390	2.660	3.460
120	0.677	0.845	1.041	1.289	1.658	1.980	2.358	2.617	3.373
∞	0.674	0.842	1.036	1.282	1.645	1.960	2.326	2.576	3.291

付表5　χ^2分布表

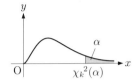

k＼α	0.995	0.99	0.975	0.95	0.05	0.025	0.01	0.005
1	0.0^4393	0.0^3157	0.0^3982	0.0^2393	3.84	5.02	6.63	7.88
2	0.0100	0.0201	0.0506	0.103	5.99	7.38	9.21	10.60
3	0.0717	0.115	0.216	0.352	7.81	9.35	11.34	12.84
4	0.207	0.297	0.484	0.711	9.49	11.14	13.28	14.86
5	0.412	0.554	0.831	1.145	11.07	12.83	15.09	16.75
6	0.676	0.872	1.237	1.635	12.59	14.45	16.81	18.55
7	0.989	1.239	1.690	2.17	14.07	16.01	18.48	20.3
8	1.344	1.646	2.18	2.73	15.51	17.53	20.1	22.0
9	1.735	2.09	2.70	3.33	16.92	19.02	21.7	23.6
10	2.16	2.56	3.25	3.94	18.31	20.5	23.2	25.2
11	2.60	3.05	3.82	4.57	19.68	21.9	24.7	26.8
12	3.07	3.57	4.40	5.23	21.0	23.3	26.2	28.3
13	3.57	4.11	5.01	5.89	22.4	24.7	27.7	29.8
14	4.07	4.66	5.63	6.57	23.7	26.1	29.1	31.3
15	4.60	5.23	6.26	7.26	25.0	27.5	30.6	32.8
16	5.14	5.81	6.91	7.96	26.3	28.8	32.0	34.3
17	5.70	6.41	7.56	8.67	27.6	30.2	33.4	35.7
18	6.26	7.01	8.23	9.39	28.9	31.5	34.8	37.2
19	6.84	7.63	8.91	10.12	30.1	32.9	36.2	38.6
20	7.43	8.26	9.59	10.85	31.4	34.2	37.6	40.0
30	13.79	14.95	16.79	18.49	43.8	47.0	50.9	53.7
40	20.7	22.2	24.4	26.5	55.8	59.3	63.7	66.8
50	28.0	29.7	32.4	34.8	67.5	71.4	76.2	79.5
60	35.5	37.5	40.5	43.2	79.1	83.3	88.4	92.0
70	43.3	45.4	48.8	51.7	90.5	95.0	100.4	104.2
80	51.2	53.5	57.2	60.4	101.9	106.6	112.3	116.3
90	59.2	61.8	65.6	69.1	113.1	118.1	124.1	128.3
100	67.3	70.1	74.2	77.9	124.3	129.6	135.8	140.2

付表6　F分布表 ($\alpha = 0.05$)

$k_2 \backslash k_1$	1	2	3	4	5	6	7	8	9	10	12	15	20	30	40	60	120	∞
1	161	200	216	225	230	234	237	239	241	242	244	246	248	250	251	252	253	254
2	18.5	19.0	19.2	19.2	19.3	19.3	19.4	19.4	19.4	19.4	19.4	19.4	19.4	19.5	19.5	19.5	19.5	19.5
3	10.1	9.55	9.28	9.12	9.01	8.94	8.89	8.85	8.81	8.79	8.74	8.70	8.66	8.62	8.59	8.57	8.55	8.53
4	7.71	6.94	6.59	6.39	6.26	6.16	6.09	6.04	6.00	5.96	5.91	5.86	5.80	5.75	5.72	5.69	5.66	5.63
5	6.61	5.79	5.41	5.19	5.05	4.95	4.88	4.82	4.77	4.74	4.68	4.62	4.56	4.50	4.46	4.43	4.40	4.36
6	5.99	5.14	4.76	4.53	4.39	4.28	4.21	4.15	4.10	4.06	4.00	3.94	3.87	3.81	3.77	3.74	3.70	3.57
7	5.59	4.74	4.35	4.12	3.97	3.87	3.79	3.73	3.68	3.64	3.57	3.51	3.44	3.38	3.34	3.30	3.27	3.23
8	5.32	4.46	4.07	3.84	3.69	3.58	3.50	3.44	3.39	3.35	3.28	3.22	3.15	3.08	3.04	3.01	2.97	2.93
9	5.12	4.26	3.86	3.63	3.48	3.37	3.29	3.23	3.18	3.14	3.07	3.01	2.94	2.86	2.83	2.79	2.75	2.71
10	4.96	4.10	3.71	3.48	3.33	3.22	3.14	3.07	3.02	2.98	2.91	2.85	2.77	2.70	2.66	2.62	2.58	2.54
11	4.84	3.98	3.59	3.36	3.20	3.09	3.01	2.95	2.90	2.85	2.79	2.72	2.65	2.57	2.53	2.49	2.45	2.40
12	4.75	3.89	3.49	3.26	3.11	3.00	2.91	2.85	2.80	2.75	2.69	2.62	2.54	2.47	2.43	2.38	2.34	2.30
13	4.67	3.81	3.41	3.18	3.03	2.92	2.83	2.77	2.71	2.67	2.60	2.53	2.46	2.38	2.34	2.30	2.25	2.21
14	4.60	3.74	3.34	3.11	2.96	2.85	2.76	2.70	2.65	2.60	2.53	2.46	2.39	2.31	2.27	2.22	2.18	2.13
15	4.54	3.68	3.29	3.06	2.90	2.79	2.71	2.64	2.59	2.54	2.48	2.40	2.33	2.25	2.20	2.16	2.11	2.07
16	4.49	3.63	3.24	3.01	2.85	2.74	2.66	2.59	2.54	2.49	2.42	2.35	2.28	2.19	2.15	2.11	2.06	2.01
17	4.45	3.59	3.20	2.96	2.81	2.70	2.61	2.55	2.49	2.45	2.38	2.31	2.23	2.15	2.10	2.06	2.01	1.96
18	4.41	3.55	3.16	2.93	2.77	2.66	2.58	2.51	2.46	2.41	2.34	2.27	2.19	2.11	2.06	2.02	1.97	1.92
19	4.38	3.52	3.13	2.90	2.74	2.63	2.54	2.48	2.42	2.38	2.31	2.23	2.16	2.07	2.03	1.98	1.93	1.88
20	4.35	3.49	3.10	2.87	2.71	2.60	2.51	2.45	2.39	2.35	2.28	2.20	2.12	2.04	1.99	1.95	1.90	1.84
30	4.17	3.32	2.92	2.69	2.53	2.42	2.33	2.27	2.21	2.16	2.09	2.01	1.93	1.84	1.79	1.74	1.68	1.62
40	4.08	3.23	2.84	2.61	2.45	2.34	2.25	2.18	2.12	2.08	2.00	1.92	1.84	1.74	1.69	1.64	1.58	1.51
60	4.00	3.15	2.76	2.53	2.37	2.25	2.17	2.10	2.04	1.99	1.92	1.84	1.75	1.65	1.59	1.53	1.47	1.39
120	3.92	3.07	2.68	2.45	2.29	2.17	2.09	2.02	1.96	1.91	1.83	1.75	1.66	1.55	1.50	1.43	1.35	1.25
∞	3.84	3.00	2.60	2.37	2.21	2.10	2.01	1.94	1.88	1.83	1.75	1.67	1.57	1.46	1.39	1.32	1.22	1.00

付表7　F分布表 $(\alpha = 0.01)$

k_A \ k_e	1	2	3	4	5	6	7	8	9	10	12	15	20	30	40	60	120	∞
1	4052	5000	5403	5625	5764	5859	5928	5981	6022	6056	6106	6157	6209	6261	6287	6313	6339	6366
2	98.5	99.0	99.2	99.2	99.3	99.3	99.4	99.4	99.4	99.4	99.4	99.4	99.4	99.5	99.5	99.5	99.5	99.5
3	34.1	30.8	29.5	28.7	28.2	27.9	27.7	27.5	27.3	27.2	27.1	26.9	26.7	26.5	26.4	26.3	26.2	26.1
4	21.2	18.0	16.7	16.0	15.5	15.2	15.0	14.8	14.7	14.5	14.4	14.2	14.0	13.8	13.7	13.7	13.6	13.5
5	16.3	13.3	12.1	11.4	11.0	10.7	10.5	10.3	10.2	10.1	9.89	9.72	9.55	9.38	9.29	9.20	9.11	9.02
6	13.7	10.9	9.78	9.15	8.75	8.47	8.26	8.10	7.98	7.87	7.72	7.56	7.40	7.23	7.14	7.06	6.97	6.88
7	12.2	9.55	8.45	7.85	7.46	7.19	6.99	6.84	6.72	6.62	6.47	6.31	6.16	5.99	5.91	5.82	5.74	5.65
8	11.3	8.65	7.59	7.01	6.63	6.37	6.18	6.03	5.91	5.81	5.67	5.52	5.36	5.20	5.12	5.03	4.95	4.86
9	10.6	8.02	6.99	6.42	6.06	5.80	5.61	5.47	5.35	5.26	5.11	4.96	4.81	4.65	4.57	4.48	4.40	4.31
10	10.0	7.56	6.55	5.99	5.64	5.39	5.20	5.06	4.94	4.85	4.71	4.56	4.41	4.25	4.17	4.08	4.00	3.91
11	9.65	7.21	6.22	5.67	5.32	5.07	4.89	4.74	4.63	4.54	4.40	4.25	4.10	3.94	3.86	3.78	3.69	3.60
12	9.33	6.93	5.95	5.41	5.06	4.82	4.64	4.50	4.39	4.30	4.16	4.01	3.86	3.70	3.62	3.54	3.45	3.36
13	9.07	6.70	5.74	5.21	4.86	4.62	4.44	4.30	4.19	4.10	3.96	3.82	3.66	3.51	3.43	3.34	3.25	3.17
14	8.86	6.51	5.56	5.04	4.69	4.46	4.28	4.14	4.03	3.94	3.80	3.66	3.51	3.35	3.27	3.18	3.09	3.00
15	8.68	6.36	5.42	4.89	4.56	4.32	4.14	4.00	3.89	3.80	3.67	3.52	3.37	3.21	3.13	3.05	2.96	2.87
16	8.53	6.23	5.29	4.77	4.44	4.20	4.03	3.89	3.78	3.69	3.55	3.41	3.26	3.10	3.02	2.93	2.84	2.75
17	8.40	6.11	5.18	4.67	4.34	4.10	3.93	3.79	3.68	3.59	3.46	3.31	3.16	3.00	2.92	2.83	2.75	2.65
18	8.29	6.01	5.09	4.58	4.25	4.01	3.84	3.71	3.60	3.51	3.37	3.23	3.08	2.92	2.84	2.75	2.66	2.57
19	8.18	5.93	5.01	4.50	4.17	3.94	3.77	3.63	3.52	3.43	3.30	3.15	3.00	2.84	2.76	2.67	2.58	2.49
20	8.10	5.85	4.94	4.43	4.10	3.87	3.70	3.56	3.46	3.37	3.23	3.09	2.94	2.78	2.69	2.61	2.52	2.42
30	7.56	5.39	4.51	4.02	3.70	3.47	3.30	3.17	3.07	2.98	2.84	2.70	2.55	2.39	2.30	2.21	2.11	2.01
40	7.31	5.18	4.31	3.83	3.51	3.29	3.12	2.99	2.89	2.80	2.66	2.52	2.37	2.20	2.11	2.02	1.92	1.80
60	7.08	4.98	4.13	3.65	3.34	3.12	2.95	2.82	2.72	2.63	2.50	2.35	2.20	2.03	1.94	1.84	1.73	1.60
120	6.85	4.79	3.95	3.48	3.17	2.96	2.79	2.66	2.56	2.47	2.34	2.19	2.03	1.86	1.76	1.66	1.53	1.38
∞	6.63	4.61	3.78	3.32	3.02	2.80	2.64	2.51	2.41	2.32	2.18	2.04	1.88	1.70	1.59	1.47	1.32	1.00

索　引

執筆者紹介

松本　裕行　　青山学院大学 理工学部 教授／理学博士

確率・統計の基礎　増補版

2014 年 10 月 30 日	第 1 版　第 1 刷	発行
2020 年 3 月 20 日	第 1 版　第 4 刷	発行
2021 年 10 月 31 日	**増補版　第 1 刷**	**発行**
2024 年 2 月 10 日	**増補版　第 3 刷**	**発行**

著　　者　　松 本 裕 行

発 行 者　　発 田 和 子

発 行 所　　株式会社　学術図書出版社

〒113−0033　東京都文京区本郷 5 丁目 4 の 6

TEL 03−3811−0889　振替 00110−4−28454

印刷　三美印刷（株）

定価はカバーに表示してあります.

ⓒ 2014,2021　H. MATSUMOTO　Printed in Japan

ISBN978−4−7806−0948−6　C3041